觉醒

在绝望中

献给身陷逆境还迷茫无知的你

大鹏

Awakening
in
despair

著

台海出版社

图书在版编目（CIP）数据

在绝望中觉醒 / 大鹏著 . -- 北京：台海出版社，
2018.6

ISBN 978-7-5168-1916-6

Ⅰ . ①在… Ⅱ . ①大… Ⅲ . ①成功心理—通俗读物
Ⅳ . ① B848.4-49

中国版本图书馆 CIP 数据核字（2018）第 105014 号

在绝望中觉醒

著　　者｜大　鹏

责任编辑｜戴　晨　曹文静　　　策划编辑｜赵　鹏
封面设计｜壹诺设计　　　　　　责任印制｜蔡　旭

出版发行｜台海出版社
地　　址｜北京市东城区景山东街 20 号　邮政编码：100009
电　　话｜010 — 64041652（发行，邮购）
传　　真｜010 — 84045799（总编室）
网　　址｜www.taimeng.org.cn/thcbs/default.htm
E — mail｜thcbs@126.com

印　　刷｜天津中印联印务有限公司
开　　本｜710 毫米 × 1000 毫米　1/16
字　　数｜217 千字
印　　张｜15
版　　次｜2018 年 6 月第 1 版
印　　次｜2018 年 6 月第 1 次印刷
书　　号｜ISBN 978-7-5168-1916-6
定　　价｜45.00 元

你怎样想、怎样做，往往决定你将成为怎样的人——你的思想决定你的未来。

每个人都对生活有过大胆的畅想，但大多数人都生活得很平凡。人们在工作之余呼朋唤友，疲于应酬，却没时间认真深思一下有关生命的重要事情。

我们为了什么活着？责任是什么？爱又是什么？命运真的存在吗？

正是对这些问题的思考，使人类与地球上的其他生物有了本质的区别，而又由于个体的差异，每个人所给出的答案不尽相同，如此也就造就了每个人生活的千差万别。实际上，大多数人关心的都是眼前的、当下的生活状态（衣、食、住、行）。生活琐事貌似剥夺了我们精神驰骋的自由，令我们在重重压力之下毫无反抗，甚至感到绝望，然而，这只是一种错觉。生活根本无法压制人的思想，问题在于你想与不想。

你永远无法唤醒一个装睡的人，同样也无法阻止一个在绝望中觉醒的人。一个人的改变源于他想改变，当下对我们来说，最重要的是觉醒。

人的命运都掌握在自己手里，我们必须学会用不同的思维思考问题。世界上有很多条路，有些路风光绮丽，有些路平淡无奇。现在，我们无须评价自己所走道路的好与坏，我们首先需要考虑的是，将来做些什么才能使自己生活得更有尊严，使自身生命更富有意义和价值。

现在，生命迫不及待地呼唤我们觉醒，认识并释放出素未谋面的自我，这仅仅是生命要求我们给予它的一点点敬意。

觉醒是焦虑的现代人所不可或缺的"精神食粮"，我们多数人缺乏的不是解决焦虑的方向，而是实践内心时的方法论。本书立旨于此，以思想觉醒、行动觉醒、创造力觉醒为布局，将心理解禁和实践操作融于一体，层层递进，带领大家一步步走进自己的内心世界，引导大家一步步远离内心的负能量，使大脑进入更高的意识状态，直至最终遇见最好的自己。

CONTENTS 目 录

第九章

做个清醒的自己，不必和别人一模一样

第十章

大家都不敢做的，其实正是你该做的

第一章

你所有的困厄与潦倒，
皆缘于思想的沉睡

你今天的平庸生活，并非能力平庸所致，而取决于你的思想，你的思想决定你的能力。借用"二八定律"来阐述这个观点，即你的思想行为在底层80%的范围以内，你就只能过80%的人那样的生活；如果你的思想和行为超越80%的人，你的成就就能达到顶层20%的人才能达到的规模和水平；如果你的思想和行为已经达到顶端5%的范围，那么你将获得巨大成功。

思想，让我们脱离了禽兽行列

人与一般动物的区别是什么？答案是"人有思想"。

人与人之间最根本的差别是什么？答案也是"思想"。

每一个人在生命之初，体力、智力以及各种能力等各方面其实都所差无几，但有人成就非凡、春风得意，有人却平庸无为、潦倒度日。即使是做同样的事情、从事同样的职业，也会有人成果显著，有人一事无成。为什么？除了个人机遇、社会关系、经济实力等因素外，其根本原因即是思想上的差别。

什么是思想？所谓思想，就是客观存在且反映在人的意识中，经过思维活动而产生的结果，是人类一切行为的基础。

思想不但是人类区别于其他动物的重要特点，而且也是人类具有力量、智慧的表现。观察下身边那些表现不凡的人，他们最显著的特征就是思想上的不凡，他们拥有较常人更超群、更深邃的思想。

马克思出生于德国的一个犹太家庭，他的父亲是一名律师，希望儿子长大后也能够成为一名律师，过上流社会的生活。但马克思是一位有理想、有抱负，立场坚定的有为青年，他的理想是希望在全人类实现共产主义。他在谈论关于《如何选择职业的理想和价值》时，曾写道："如果我们选择了最能为人类谋福利而劳动的职业，那么，重担就不能把我们压倒，因为它是为大家而献身；那么我们所感到的就不是可怜的、有限的、自私的乐趣，我们的幸福将属于千百万人，我们的事业将默默地，永恒发展下去，而面对我们的骨灰，高尚的人们将洒下热泪。"

为了引导全世界劳动人民为实现社会主义和共产主义伟大理想而斗争，马克思一直专注于进行斗争的理论武器和行动指南研究。马克思穷的一贫如洗，又没有固定工作，加之资产阶级不断的迫害和封锁，经济上非常困顿，饥饿和生存问题始终困扰着他，但他没有因此而放弃伟大的理想，而是默默忍受贫困，在艰辛中积极探索，勇往直前。他把自己的毕生精力奉献给了全人类的解放事业，最终成为历史上的一代伟人——著名的国际经济学家、哲学家。

遗憾的是，现代社会不少人在乎的是物质上的富有，而不在意精神世界的富足，一些人甚至揶揄马克思的清贫，真可谓"燕雀安知鸿鹄之志"。因为对于马克思而言，他根本没有把个人享受当作人生的最大幸福，而是把实现人类共产主义作为人生最大的追求。所以，当别人认为他贫穷的时候，他不会因此而苦恼，相反，他却为追求人类的彻底解放而感到自豪。

马库斯·奥里亚斯说："我们的思想，决定了我们的人生。"

人要有思想，那是因为人的行为要靠思想支配。没有革命的理论就没有革命的行动，有什么样的思想就会有什么样的行动。比如，一个对人生有所期许的人，会认真踏实地做事，不断提高自己，对生活充满激情，使生活积极、充实而更有意义。相反，一个没有思想对人生无所寄托的人，则会整天无所事事，虚度光阴，这样地活着形同行尸走肉，与等死无异。

人是这个世界上最擅长思考的动物，思考产生思想，思想转化为智慧，智慧使人凌驾于动物之上，使人成为真正具有灵魂的生命。

觉醒吧！我们应该追求思想的富足，了解生命的真谛，而不仅仅是对财富的渴求。让思想冲破种种"牢笼"，你会发现，你将对这个世界，对社会，对人生，拥有一整套比较完整的看法，才真是一个力量无边的人。如此，我们的生活才不会落入俗套，人生才会大放异彩。

灵魂没有想法，就会丧失自己

"没主见的人真的很可悲，就像橡皮泥一样由外力来决定其形状。"

相信谁都不希望做一个没主见的人，也不喜欢被人这样评价，但现实中不乏一些欠缺独立意识和自我支配能力的人。这一类人没有自我的想法，习惯按照别人的意志行事，这种"好好先生""好好小姐"做派看似一种为人随和的处世方式，容易得到众人的肯定及喜欢。然而诸多事实却证明，没有主见的人更缺乏存在感，更容易被他人忽视、冷落，甚至嘲笑。

米顿的父母和姐姐都是非常知名的画家，米顿也希望自己能像家人们一样以画画为终身职业。但是米顿在绘画的过程中总是缺乏必要的主见——他每画完一张画都会询问家人的意见。爸爸看了看，撇撇嘴说："噢，这线条太僵硬。"米顿就按照爸爸的意见修改，让线条变得柔和；妈妈看完说："亲爱的，你的画有些太抽象，虚无的东西没人爱看。"米顿又采纳了妈妈的意见，让画变得具体化。可姐姐说："上帝，这是什么？是块木头吗？"米顿赶紧按姐姐的意见修改，结果那幅画作简直就是被染料弄脏的一张废纸。就这样，米顿的时间和精力都用在了画作的修改上，最终他没能完成一幅完整满意的作品。

人的这种命运是怎样形成的？思想决定态度、态度决定行动、行动决定习惯、习惯决定性格、性格决定命运。在这个法则里，思想摆在首位，命运源于思想，决定于思想。可以说，有些人之所以没主见就在于思想上的困顿。

主见，是面对问题时能有自己的主张和见解，而不盲从别人的意见和建议。

怎样做一个有主见的人？你需要在思想上觉醒，学会关注自己的想法。

有一位年轻人自诩聪明无敌，是全村最有智慧的人。但村里不少人却不同意这一观点，他们认为全村最有智慧的人是隐居在后山的一位老僧。年轻人相当不服气，于是决定上山与这位老僧较量一下。一见面，这位年轻人就直问老僧："村里人都认为您是全村最有智慧的人，我有一个问题，一直想不出答案，想请教您一下。如果您能回答出来，我就服您。"

"你问。"老僧答道。

年轻人问："现在我的手里有一只小鸟，请问这只小鸟是死的还是活的？"说完，年轻人伸出他的右手，脸上露出一丝狡黠的微笑。

老僧听完年轻人的问题后，面带笑容地回答道："如果我说这只鸟是活的，你只要攥紧拳头，它就死了；如果我说它是死的，你只要把手张开，它就可以飞走。所以这个问题的答案就掌握在你手上，你又何必来问我？"

年轻人听了老僧的话沉思良久，然后满意地下山了。

你为什么没有主见？最主要的原因在于你尚未认识到自己的命运掌握在自己手中。想要成为一个有主见的人，必须在心里弄清楚：你的想法可能和别人的想法一样，可能不一样。这也意味着，我们要敢于按照自己的感觉做出决定，哪怕这个决定别人不理解，或者具有很大的风险。

一个觉醒的人会时刻忠于自己，而不是总顾虑别人的想法，或总想着取悦他人。当与别人的见解有所出入时，即便他们期间会参考别人的建议，但自己的大方向不会改变，原则问题不会动摇。生命的可贵之处在于按自己的想法生活，在任何事情上都有自己的观点和立场。

当有人向你征求意见或建议时，请尝试着说出自己的内心想法："我的建议是……"在和他人有不同的意见时，请大胆地说："虽然你说的听起来很有道理，但我不这么认为……"当你的观点被反驳的时候，不妨使用这样的句式："我一定有考虑不周到的地方，但我会这么想，是出于这样的考虑……"

这样做了之后，你会发现：同事会了解你的真实想法，而且，通过双方的沟通协作，共同提高了办事效率；你说服了领导，他采纳了你的意见，也看到了你的价值；你和朋友分享自己独到的见解，获得了朋友的理解和赞许……

为此，你不妨在平时专注于当下一件件具体的事情，站在不同的角度去理解，去分析，提高自身分析和判断的能力。当你独到的见解积累多了，并且发现这些想法确实有价值和成效时，主见自然也就产生了。一个人一旦有了主见，就踏上了解决问题的捷径，因为你已将命运紧紧握在手中。

不要用行为的勤奋来掩盖思维的懒惰

大概很少有人会否认"成功来自勤奋"这种说法。你是否像大多数拥有梦想的人，每天凌晨四点就踏上了一天的征途，身心疲惫地搭乘最后一班地铁回家？扪心自问，你这么日复一日地努力是为了什么？答案显而易见，我们无非是想生活得更好一些，离成功更近一点，可直到认真盘点收获时，不少人会尴尬地发现以下事实：

每天工作之余还坚持学习英语，反复背单词，大批量阅读，但雅思成绩屡次不合格，导致迟迟无法实现出国留学梦；

一直在努力提高的演讲和写作技能，却没有明显大的长进，因此那次难得的当众演讲没有表现好，从而丧失了一次晋升的好机会；

满心期待用完美的工作表现证明自己，获得领导的认可和重用，但忙忙碌碌了大半年，这样的美好画面却始终没有出现；

……

这一切都与制定目标时的雄心壮志相去甚远，以致一些人常愤愤不平：我投入了这么多的时间和精力，却没有收到预期的回报，实在是不公平！

真的不公平吗？事实是，从来不是勤奋没有用，而是勤奋的行为没有价值，因为有时看似勤奋的行为实质上却掩盖着一个人的思维懒惰。用一句流传甚广的话来概括就是——"这根本是在用战术上的勤奋来掩盖战略上的懒惰。"表面上你看似很勤奋，实际上却刻意回避了真正困难却更有价值的部分。

是的，这才是问题的关键所在。这一切是如何发生的？

你每天工作之余认真学习英语，一口气买了很多书，却完全没有思考过你应该系统地读哪些书才能够更好地提高英语水平，哪些书对你的帮助最大，没有重点研究你的丢分项，一味地搞了"题海战术"；

演讲和写作技能是需要通过不断的实践来培养的，光靠理论不行，还得有充足的实践经验。如果你平时不敢当众讲话，人前总是扭扭捏捏，懒得实践，害怕实践，能力自然提升得慢；

工作中你虽然很努力，但有价值的思考太少。你宁愿每天因为各种琐事忙得晕头转向，却不愿花一点时间提升自己的水平。你明知道这项工作任务有更好的解决方法，但却懒得花费心思。

……

这里还有一个例子，可以形象地说明。

刘畅这几年在学习写作，书房里的柜子上摆满了各种书籍，中外古今名著可谓应有尽有。他每天坚持读两个小时的书，且觉得自己书读得不少，这一年的阅读量没有一万本起码也有一千本，但令他很郁闷的是，每次提及读书所得他就习惯性"脑短路"，不知所云。为此，刘畅经常和周边的朋友抱怨自己天赋不佳，记性不好。殊不知，这一切其实是他自身懒于思考所导致的。

刘畅给自己制订了一天读一本书的计划，他把多读书、读书多当成了目的，看起书来总是一目十行，这样匆忙草率地读书，既不能真正理解书中的内容，又不能有重点地进行记忆，因此读书的效果很差，甚至闹出了张冠李戴的笑话。比如，有一次他讲及《三国演义》的故事情节时说道："关羽过五关斩六将时，遇到一个叫华雄的对手。"殊不知，那是关羽温酒斩华雄的故事。

阅读是需细嚼慢咽，需要细细品味的，这样才能将知识变成自己的学识。生活中不少人读书囫囵吞枣，懒于思考，疏于分析。如此看再多的书也如过眼云烟，更不会从中受到启发，并产生自己的想法。许多事情也是如此，如果思维上过于懒惰，缺乏必要的思考，即便你付出得再多，也会导致低价值的行为和由此带来的低价值结果，这就是低品质的勤奋。

如果想改变这种徒劳无益的状态，你就要及时在思想上觉醒起来。把行动与思考有效结合，对行动中的关键节点有明晰的认识，才能不至于做无用功。中国有句俗话"磨刀不误砍柴工"，思考越深入、越全面，就越能帮助我们更快掌握做事的核心能力，从而成为高品质勤奋者。

比如，销售员在谈单子时不能光顾着滔滔不绝地讲解自己的产品，必须认真研究产品的优势、市场的趋势，客户的心理，反复思考客户所说的每一句话，仔细掂量对方的每一个肢体语言和面部表情。只有平时多思多想，多观察，多分析，掌握足够的基础信息，抓住客户的主要心理，才有可能打动客户的"芳心"，顺利拿到订单。

有一个大学生是班上的"学霸"，连续四年都是全系第一名。但他并非那种天天在教室学习的"书呆子"，相反他看书学习的时间并不多，各种集体活动也踊跃参与。他的聪明之处就是采用了"深勤奋"的方法，学习的时候勤于思考，善于归纳总结规律，掌握思想方法，做到举一反三，这样学到的知识就变成了他的"血肉"，所以他学习的时间虽然短，效率却非常好。

别再用表面的行为勤奋来掩盖思维的懒惰，多一些思考才能最大可能地接近成功。对此爱因斯坦说过这么一段话："如果给我1个小时解答1道决定我生死的问题，我会花55分钟来弄清楚这道题到底是在问什么。一旦清楚了它到底在问什么，剩下的5分钟足够我回答这个问题。"

最穷的人，是从来没有梦想的人

　　一个人可以一无所有，但是不能没有梦想。

　　因为一个没有梦想的人，他的人生就像一场毫无目的的旅行，永远也不会知道哪里才是终点，更不会知道何时才会结束。正如罗兰所说的那样："一个人活着而没有目的，他就会彷徨、苦闷和不安，而唯有当一个人确实了解自己所要过的是什么生活之后，他才会觉得他的生命有意义。"

　　钟泽大学毕业后在深圳一家贸易公司做秘书，虽然工作稳定，收入也可以，但他一直觉得工作只是养家糊口的工具，每天过得浑浑噩噩。一天他在书上看到一句话："人跟咸鱼的区别在于人会翻身，而咸鱼不会。如果没有梦想，人跟咸鱼又有什么区别？"顿时钟泽羞惭不已，工作就是上班、下班、加班、赚钱，他早已经记不起当初想要的那种有激情、有动力的生活是什么模样，一辈子难道就这样平平庸庸下去？不！

　　钟泽有一个创业的梦想，那就是做水果生意。小时候因为家里经济条件不好，钟泽基本没吃过什么水果，他渴望有一天开家水果店，想吃什么吃什么。说做就做，但是开水果店需要很多资金，钟泽手头的资金有限，因此他决定先从摆摊开始。钟泽辞去工作，在一个社区门口摆上了水果摊位，他的摊位摆得最早，收得最晚，不管天气多差，他都会坚持到晚上九点多。他不仅摆摊，而且还提供免费送货服务，顾客通过微信和电话下单，每天他和妻子轮流送货。由于钟泽为人忠厚、诚恩，赢得了顾客的信赖和好评，渐渐地，形成了稳定的客户群，生意做得越来越红火。

梦想，是人对美好事物的憧憬与向往；梦想，是我们内心最强烈的渴望；梦想，是点燃人生的希望，激活人的内在潜能和力量。每一个有梦想的人都值得被尊重，可生活中不少人明明自己连梦想都没有，还嘲笑别人的梦想，觉得别人的梦想渺小荒唐，根本不值一提。殊不知，不论梦想多么可笑，一个人只要心怀梦想，就已经与众不同，略胜一筹了。

贝壳孕育出一粒珍珠需要一生的时间，那么一个人孕育出一个梦想又需要多久？其实你离梦想只是一段勇气的距离。

梦想，正因为距离我们遥远，才称之为梦想。正因为遥远，才给了我们追逐的权利。追逐梦想的过程，肯定不会一帆风顺，它必定会布满荆棘、充满苦难。正是因为它的来之不易，所以才格外的宝贵，才值得我们去珍惜，也正因为它困难重重，才能证明你的决心，考验你的勇气。拿出足够的勇气去追逐、去奋斗，就总有一天会梦想成真。

康多莉扎·赖斯是美国第66任国务卿，是美国政府中有史以来职位最高的一位黑人妇女。她的外貌说不上好看：一口龅牙，嘴巴还很大，皮肤黝黑，但是她却依靠自己高深的文化修养完全弥补了这些不足。她以朝气蓬勃、干练、充满智慧的形象，在全球各个政治力量之间纵横捭阖，以卓越的政治才能成为美国的铁腕人物。在世界范围内，她所到之处，所有的人都为她钢铁般的意志和优雅的举止而倾倒，这一切源自梦想的力量。

赖斯出生在一个普通的非裔家庭，10岁时她跟随父母到首都华盛顿参观白宫，却因肤色被拒之门外，她平静地告诉父亲："我现在因为肤色而被禁止进入白宫，但总有一天我会在那里。"开明、智慧的父母十分赞赏女儿的勇敢志向，在父母的教化下，赖斯认识到：所有的人都是平等的，谁也不应该由于他们所属的种族而受到歧视或者偏爱。任何人的身份都不是通过肤色或性别来决定的，而是通过个人的自身成就来决定的；每个人的幸福都是由自己创造的，只要你努力就能改变自己的命运。

起初赖斯的梦想是做一个多才多艺的人，她迷恋上了花样滑冰。她相当自律，为了练习滑冰，每天早上五点多起床，滑完冰后去上学，放学后还坚持练习钢琴。她日夜刻苦练习演奏，最后终于获得了美国青少年钢琴大赛第一名，15岁就进入丹佛大学拉蒙特音乐学院学习钢琴演奏。人们似乎看到一颗钢琴演奏的新星正冉冉升起。但在她17岁时，经过一番权衡，她理智地放弃了练习多年的钢琴，选修了一门政治学——美国政治学。在此期间，赖斯发奋学习，积累知识，增长才干，26岁时她已经成为斯坦福大学的讲师。1993年，她出任斯坦福大学教务长，成为该校历史上最年轻的教务长，也是该校第一位黑人教务长。

不过，年轻的赖斯没有就此止步，她一直铭记入驻白宫的梦想，她开始致力于对俄罗斯的研究，很快对俄罗斯的政治有着全面而深刻的理解，对俄罗斯军队在东欧部署情况了如指掌，甚至达到了令人吃惊的程度，这引起了当时美国总统老布什的注意和引荐。在2000年美国大选时，赖斯开始担当小布什的"女军师"，且成为布什处理俄罗斯事务的"专职教授"为其出谋划策，最终成功出任美国国务卿，实现了一个10岁孩子跻身白宫的誓言和梦想。

赖斯她之所以能从平庸走向卓越，没有特别的成功秘诀，只是她一直在为梦想努力，并为之奋斗。这种强烈而充满自信的斗志，这种努力争取的积极行为，最终给她带来了好运，改变了她的人生轨迹。所以，从现在觉醒起来吧，给自己一个实现梦想的机会，相信你的努力永远不会白费。

只要你愿意，没有人能阻止你过得更好

相信很多人会对这样一些现象感到困惑不解——为什么做同一件事，别人做得好，自己无论怎么努力都做不好呢？为什么自己那么辛苦，工作多年却依然默默无闻、毫无建树，而有的人却成为佼佼者，不停地创造着奇迹……于是，不少人开始抱怨自己命不好，羡慕别人比自己运气好。

真是这样吗？未必！

如果你静下心来思考，就会发现，每个人都有一种与生俱来的惰性，总是会习惯地对自己说："够努力就行了，凡事尽力而为，没必要累死累活，尽人事听天命。"这样很容易导致出现一些差错和遗漏，白白浪费了时间、人力、物力、精力，或财力等各种资源，等待自己的只有懊恼和沮丧。

陈晨大学毕业后便留在了广州，一年多的时间，她换了四五份工作不说，最近又闹着离职。朋友惊讶于陈晨换工作的频繁，她却气愤地表示：离职不怨自己，只是自己运气不好，一直遇不到适合自己的工作，遇不到赏识自己的伯乐。那些老板不是太苛刻，就是有眼无珠，对自己的能力不欣赏。但知情的人都知道，陈晨工作虽然认真踏实，但力度总是"欠火候"，一遇到累活儿、脏活儿、重活儿等都是糊弄或者干脆不做。有段时间，部门的所有同事都特别忙，大家每天都在加班，但陈晨依旧正常下班，她觉得自己做好分内工作就够了，这给大家的印象很糟糕。

这样经过一段时间的奔波后，陈晨发现一个女孩子在大城市打拼太辛苦了，不

如回老家安生一点儿过小日子。她本来是做设计的，回家之后没什么就业计划，就考了个公务员，每天的工作就是坐在办公室整理资料、接待上访人员等。虽然这不是自己满意的工作状态，但陈晨又在失落之余安慰自己：这份工作起码稳定，女孩子迟早要嫁人，工作可将就一下。可这种将就的生活没有让她生活得更好，反倒使自己每天郁郁寡欢、没有活力。

生活中不少人做事时习惯"尽力而为"，但在这种状态下人通常缺乏内在的动力，对自己的要求不高，一旦碰到困难就以"我尽力了"的借口敷衍自己，甚至干脆放弃上进的努力，甘居下游……如此欠缺实现目标的勇气和志气，永远不可能成功。所以，不要总是抱怨自己运气不好，不妨想想凡事你是尽力而为，还是竭尽全力。

"尽力"和"全力"之间只差了一个字，却包含了一个人对待事情两种全然不同的态度。全力以赴是一种积极主动的做事态度，遇到困难不找各种借口，而是想方设法解决问题。要努力就尽全力，要做就做到最好，不然世界上努力的人那么多，凭什么你就能得到想要的结果？微尽薄力就呼天抢地地说自己多么辛苦，那只不过是自欺欺人罢了。

我们的人生由自己主宰，只要你愿意，没有人能阻止你过得更好。现在开始，毫不犹豫地驱除自己的惰性吧，无论是工作、感情，还是生活，要做就做到最好，不找任何理由和借口，这不只是为了一个好结局，更是为了对得起曾经付出的努力，对得起那每一个日日夜夜勤勉不辍的自己，如此，即使是普通的人，也能成就美好的人生。

由于高中时期的一场大病，杨冰在病床上足足躺了4年，未能如期完成高中学业，也与梦寐以求的大学失之交臂。病愈之后，杨冰为了把耗费的4年"挣"回来，选择了一条上大学的捷径——参加高等教育自学考试。为了节约时间和资本，她选了科目最少、经费最低的英语专业。由于英文要从头学习，杨冰开始了不顾一切地努力：她每天挤出10个小时都用在学习上，就连吃饭、上厕所都戴着耳机练习英语听力，仅仅一年半就拿下了大专文凭。

学业完成后，杨冰幸运地进入一家企业成为一名行政专员。说是行政专员，其实与打杂无异。她不但要负责打扫办公室卫生，而且还要负责给人端茶倒水，几乎没有人注意她。有一次她因为忘了带工作证，公司的保安竟把她挡在了门外。她说自己是公司的员工，是因为要给公司买办公用品走得匆忙，把工作证丢在办公室了。但不管她怎么说，保安都不理会。她委屈地站在公司门口，却惊异地发现一些与自己年纪相仿，穿着职业装的白领进入公司的大门是那么随意，有的也没有带工作证而保安却不闻不问。她便问保安："刚刚进去的那几个人也没有带工作证，你为什么让他们进去？"得到的回答却是："你赶紧走，就是不让你进，你和人家不一样！"

杨冰感觉自己被人当众踩在脚下，自尊心受到了极大侮辱。看着自己寒酸的衣装、老土的打扮，再看看那些衣着整洁、气质不凡的白领，她在心里暗暗发誓："我一定要努力缩小与这些人的差距，我一定要通过自己的努力变得更好！"此后，她利用所有闲暇时间来熟悉公司业务，不断充实自己。由于什么都要从头学起，她每天都是第一个来公司最后一个离开，还常常熬夜到两三点。很快她就成了一名业务代表，而后通过几年的认真学习和实践锻炼，她的工作能力越来越突出，不久便被任命为公司的部门经理。

杨冰虽然学历低、经验少，但她通过不断地提高自己的知识、能力和经验，逐渐克服了自身的弱项，弥补了自己的不足，从而慢慢地向目标靠拢，最终赢得了众人的尊敬和欣赏，实现了更高的人生价值。

发生在杨冰身上的那些柳暗花明，看似是好运的眷顾，其实是她的不懈努力。人生从来没有什么所谓的"逆袭"，觉醒吧，不要再以"尽力"的借口敷衍自己，毫不犹豫地切除自己的惰性，全力以赴去做，在此过程中让自身能力、意志力得到充分磨炼，你的付出和努力最终都是有所回报。

你的生命，需要的也许仅仅是一根"刺"

每个人都在追求幸福，却又对幸福存在误解。

幸福是什么？是肚子饿了，用美食来满足自己？是伤心难过了，用漂亮衣服来安抚自己？如果以这种思维方式来理解幸福的话，那么我们只会让自己离幸福越来越远。生活中太多人对幸福的最大误解就是认为通往幸福的道路上不会有痛苦，殊不知我们现在所经历的迷茫和面临的窘境，其实正是打开"幸福之门"的必经之路。

是的，幸福和痛苦是一个永恒的话题，它们是一个矛盾的产物。但所谓的幸福并不是没有痛苦，恰恰相反，幸福伴随着痛苦，痛苦之后会有幸福，就像彩虹的美丽总是在风雨后。所以，幸福的秘诀不是企求略过痛苦，直达幸福，而是有足够强大的内心直面痛苦，接受痛苦，并且从中汲取精华，帮助自己提高人生体验。

曹雪芹在家道中落后，流落街头以卖字为生，他憋着一股气写出了鸿篇巨制《红楼梦》；

J.K.罗琳遭遇了婚姻的背叛，在每天为孩子的抚养费没有着落而烦恼的艰难时期，却在咖啡馆熬出了风靡全球的《哈利波特》；

面临中年失业危机，李安曾经失落了很长一段时间，像个家庭主妇一样每天在家做家务活，还要忍受周围人歧视的眼光，但他最终厚积薄发，成为国际知名导演；

……

生活就是一个双面镜，那些伤害你的、带给你痛苦的，往往也会激励你，成就你。如果没有那些不幸的事情时时折磨和敲打着我们，没有那些挫折和伤害来时时鞭策我们，没有那些凌辱和失败来时时刺激我们，我们将在生活的风雨中变得更加弱不禁风，我们的生活将会失去更多色彩。正因如此，当生活过于平淡、人生陷入平庸时，你最需要的不是尽快找到幸福的秘诀，而是一根痛苦的"刺"，一根能刺痛你、警醒你的"刺"。

大家熟知的著名主持人杨澜是大多女性敬仰的典范，她美丽、智慧、优雅、知性，但很少有人知道她曾是一个羞怯、不自信的女孩。在成为央视节目主持人以前，杨澜是北京外语学院的一名普通大学生，并且有些缺乏自信，她甚至曾因听不懂英语而特别沮丧。当时的她感到万分痛苦，但她没有得过且过，而是不断给自己打气，尝试着当众讲话，和英语听力死磕到底，这也才有了我们看到的在节目里用英语与嘉宾们谈笑风生的杨澜。

在主持事业做得风生水起的时候，杨澜毅然决然地选择放弃工作去美国读书。因为她认识到自己对外部世界的了解实在太少，不过是一只井底之蛙，她想对这个世界有些自己的见解和观点。就这样，杨澜辞去了令人艳羡的工作，背着两箱行李来到了美国。在那里，她租住在不时会溜达出老鼠的便宜公寓里，每天要熬夜学习到凌晨两点钟左右。不过这段艰辛的生活让她在国际政治、外交、经济、传媒等各个领域都打下了更为坚实的基础。

1996年回国后，杨澜开始加入凤凰卫视，一手策划、主导了两档访谈节目，但一开始发展得十分不顺，杨澜丝毫不以为然，她说："每一次我要改变肯定是因为与周围不和谐的情况已经达到了极限，我既然想要改变，就能够承受那样的痛苦。"为了更好地准备采访，无论工作多么忙碌，她都会挤出时间读书。那段时间，她每年的总阅读量超过8000万字，采访的时间更是达到了数万个小时。就这样，杨澜呈现给大家的永远是脱俗的气质，永远微笑着聆听，谈吐永远文雅大方。她访问过近千名国际政要、企业家、社会领袖，其中多位都与她成了莫逆之交。

面对生活中那些充满艰辛的日子，那些痛心疾首的时刻，那些深深扎向自己的"刺"，有的人选择逃避，有的人选择抱怨，有的人选择攻击或是愤怒，而有一类人总是在根据"那些让你痛苦的终将让你创造"的原理，选择让这些"刺"与身体融为一体。从内心接受痛苦，在这个精神涅槃的过程，不抱怨，不哭喊，耐着性子看自己重生。

说到这里已经很明了，我们可以有无数种方法降低或逃避痛苦，但真正解决问题的方法只有一种：直面痛苦，认识痛苦的意义，领悟到问题的来源，并由此成长。问题发生了，我们应该去积极改变。那些直面自身痛苦及痛苦背后的问题的人，每一次痛苦都促进了他们的成长。

如果你此刻正被身处的环境折磨，不要逃避，不要惧怕。在不利环境中，把你的"自我"激发出来，使你惭愧，使你警醒，你才有蜕变的机会，才有升华的可能，如此病苦可成为良药，患难可成为解脱，痛苦可成为幸福。你终会发现，那个优秀的你，正是在一次次痛苦所积累出来的。

请记住，扛得住，世界就是你的。

往前看的时候，生命自然延伸

无论生活还是工作中，我们总能听到这样的感叹：如果我当年坚持下去，现在事业一定发达了；如果我当初嫁给了那个人，婚姻质量一定不会这么差；如果我早点听老师的话，说不定也能考入名牌大学……然而人生没有回头路，你当初有那么多的如果，却舍不得付出行动，如今凭什么还想要结果？

生活要往前看，不要向后看。因为，生命就如同一条河流，和时间绑在一起，一刻不停地向前流淌着，永远不可能退后或停留。如果我们只一味地回顾往事，不知今日该如何做，明日自然会烦恼。如此我们荒废的就是生命中的每一天，只会在不断的遗憾和后悔中昏沉度日。

有一位知名艺术家很有才华，拥有众多仰慕者。一天，一位女子敲响了他的门，说："让我做你的妻子吧，错过我，你将不会找到比我更爱你的女人。"艺术家虽然也很中意该女子，但他忘不掉上一段失败的感情，便想再考虑考虑！当艺术家情伤愈合后，来到女子的家中向女子求婚，却被女子的父亲告知："你来得太晚了，十年前她就嫁人了。"

艺术家听了这个消息后整个人都崩溃了，他陷入了深深的懊悔中，"如果我早一点做选择，就不会错过她了"就这样，艺术家整天郁郁寡欢，连创作的心情也没有，三年后便抑郁成疾。临死前，他将自己所有的作品丢入火堆，只剩下一句对人生的感言："要生活好，必须向前看。因为只有把自己从过去中解放出来，你前面的脚下才有路。"

　　过去的已经过去了，也成为过去式了，并不代表现在，更不能代表未来，已经不能挽回了，再也找不回来了。对过去或哀伤遗憾，或留恋沉迷，除了劳心费神，分散精力之外，没有一点益处。等到年老体弱走不动的那天，也只能依靠无数个"如果"支撑回忆，这是最坏的结果。

　　当前路艰辛难行时，不少人会抱怨自己的道路太过狭窄，其实这只是因为你的眼光过于狭窄罢了，你只是看到了已经走过的路途，却看不到前面更宽广的天地，最终路被自己堵死。要继续向前迈进，就要学会关掉自己身后的门。

　　英国前首相劳合·乔治有一个随手关门的好习惯，在自己的院子散步时，他每走过一道门总会随手把身后的门关上。朋友们对他这一行为很不解，就问他："你有必要这么做吗？"劳合·乔治微笑着回答："我就是有这样的习惯，这是我必须去做的一件事情。而且，当我在关上门之后，也代表着我已经将过去留在了身后，不管过去是美好的成就还是失误，我都会忘记，然后重新开始。"

　　时间是往前走的，指针不可能倒着转，所以现在的一切都将过去，只要过去就再也不能回头。觉醒吧，如果想改变眼前的困厄和潦倒，就要学会不为做过的事情后悔，也不为没做过的事情遗憾——这就是成长的代价。未来是搁笔待写的空白，需要我们去填写。当你向前看的时候，生命自然会延伸下去。

　　明天，永远是全新的一天。无论什么时候，无论任何人，与其张望过去的自己——一个已知的、常令自己追悔莫及的自己，都不如寻找未来的自己——一个未知的、由自己主宰命运的自己。同时，你也要坚持一个信念：明天一定会更好。

第二章

人生有两大悲剧：
一是万念俱灰，二是浮想联翩

———————

　　负能量降低生命质量，有碍人生使命的达成。当你消极地想事情时，你的行动也就消极了，它所带来的直接后果就是人生的沉沦。所以，你必须有意识地将你的潜意识沉浸于积极的思想中，这对避免生命沦陷很有帮助。

———————

人的成就不会高于他的信念

自然界里喷泉的高度不会超过它的源头，一个人最终所获成就不会高于他的信念。

为什么失败者常常平庸无能？就是因为他们信念不高。

一个年轻人声称自己看破了红尘，决定在一座寺庙剃度为僧，皈依佛门。但只过了一个星期，他就受不了寺院生活的单调乏味，还了俗。一个月后他又来到寺庙，一把鼻涕一把泪地要求重入佛门。住持心生慈悲，就答应把他留下来。可三个月后，他又嚷嚷着说佛门冷清留不住人，又一次开溜了。

年轻人如此这般折腾了几次，住持真不知该怎么办才好，因为留与不留都是烦恼。后来他想到了一个妙计，对年轻人说："这样好了，你不如在寺院门口开间茶馆，做一个不染红尘的还俗和尚。"年轻人听了很高兴，还真的在寺院门口开了间茶馆。当然，他最终也没领会到佛门真经。

做事时漫无目的，没有信念，只是为了做事而做事，为了填充心中的空虚和恐慌而忙碌。这样的人往往上进心不足，得过且过，又容易东一锤子西一棒槌，碌碌无为；一旦风云四起，又会太早地放弃。到头来，时间过去了，精力付出了，却没有得到很好的效果，最终只会蹉跎岁月，虚度人生。相信，谁都不希望自己的人生如此。

如果你想改变平庸无能的现状，如果你希望人生充满意义，那么就要学会给自己一个明确的、高远的目标。按目标所指出的方向努力，对目标进行有效规划，根据预订规划考虑该采取什么样的措施，不断监督自己、提醒自己、鞭策自己，进而激发出自己内在的潜能，这是你实现目标的强大动力，也是你成就事业的巨大力量。

四十多年前的一天，在美国，一个皮肤黝黑的小男孩依偎在母亲怀里，指着电视里慷慨陈词的马丁·路德·金说："妈妈，他是谁？"妈妈笑着告诉他："他是个领袖，是一个了不起的人物。"男孩年龄还小，他不知道领袖到底是什么意思。但他看到电视里黑压压的一片，全是和自己一样肤色的人，挥舞着手臂，有的还热泪盈眶，而这一切都是因为台上那个激情四射的人。从那时起，他的内心发出一个声音：我也要成为那样的人！那位领袖不断地重复着一句话——"I have a dream"，小男孩也跟着他不停地说道："I have a dream，I have a dream……"

这个男孩就是后来成为美国历史上第一位黑人总统的奥巴马。

因为父母的离异，奥巴马有一个被"抛弃"的不幸童年，黝黑的肤色使他一度很自卑。学生时期也曾有过沉沦，但奥巴马从未忘记幼年时的那一幕，那个声音永远在他心中回荡："我要做一个成功领袖！"为了实现这一梦想，他凭借好强的性格和不断的努力，从一个成绩平平的一般生一跃成为出色的优等生，并顺利考上了大学。大学毕业后，奥巴马到芝加哥的一个穷人社区做起了社区工作者。虽然年薪只有1.3万美元，但奥巴马经常想象自己就是一名正式的政府员工。正是这种积极的强大动力，推动他为梦想不懈奋斗，将社区工作做得非常好，并获得了一致好评。

为了更顺利地从政，奥巴马报考了哈佛的法学院攻读法学博士学位，毕业后他雄心勃勃地开始参与总统竞选。最终，47岁的他成功到达了权力的巅峰。提及自己的成功，奥巴马这样解释："我的成功并不复杂，我就是给自己设立了一个'我要做一个成功领袖'的目标。这个目标使我发现自己有了一种从来没有过的自信，刺激和激励着我不停地奔向成功。"

山再高也不高，只要你信念高；路再远也不远，只要你心够远。没错，无数事实验证着这个观点。现在的处境和状态并不重要，关键是你内心渴望成为一个怎样的人？若是胸无大志，心无信念，那你这辈子也不会有什么大成就；如果你目标远大，并且为目标而不懈努力，那么你很可能会梦想成真，这就是信念所蕴含的力量。

你渴望像奥巴马一样卓越吗？与其这样问，不如先问问你真的清楚自己的人生目标吗？你准备做一个什么样的人？你又准备达成哪些目标？你知道5年后或者10年后甚至更久后，你会走出一条怎样的人生路吗？请将它写下来。你会发现，当你有了这一目标后，就好像在大海中掌握着航行图一样，你未来的走向和发展变得清晰无比。

人生能得到多少就看你要求多少，接下来，就看你自己的了。

我们的生命需要的不仅仅是温饱

马文在东北一家A集团工作了整整20年，是亲戚朋友间工作最稳定的一个。他每天按时上下班，早八晚四，几十年如一日，从没换过工作。一开始马文对这样的生活状态满意极了，但近年来他意识到这一切变得越来越糟糕。原因是A集团效益越来越差，陷入产量越多亏损越多的怪圈，马文的工资开始"缩水"，他整天抱怨赚钱少、发展难，抱怨自己混得不好。有人问马文有没有想过换一种生活，他点点头又摇摇头，说："每天都在想，可是怎么换呢？毕竟这份工作很稳定，有保障，而且别的工作太有挑战性了，我恐怕也吃不消！"后来，A集团因效益问题准备裁员，不幸的是，马文的名字就在裁员名单上。自此，他时常借酒消愁，婚姻也跟着亮起"红灯"。

马文类似的经历很可能发生在任何人身上，也许就是你、我，或是办公室、教室、学术研讨会上的任何一个普通人。我们卑微地一心只为争取一个满足温饱的饭碗，不去讨论理想、世界、尊重等，更不谈及个人价值和存在。我们以为这样可以安稳无忧，却发现自己已身不由己地沉迷其中，不知不觉向生活举起了"白旗"。

人生不是简单地追求物欲和享受而已，人最终的追求应是自我价值的实现，这正是人与动物的区别。工作是什么？是一个人在社会上赖以生存的手段，因为我们谁都不想食不果腹、衣不遮体，或者接受别人的救济，但除此之外，工作还被赋予另一个更重要的功能，那就是它是实现人生价值的重要途径，它使我们不断提高自身的专业知识、积累丰富的工作经验、提升为人处世的能力，而这些都有益于未来事业和整个人生的成功。

在2015年乔治·华盛顿大学的毕业典礼上，苹果首席执行官蒂姆·库克发表了一篇充满激情的演讲，他说道："年轻人，你们的价值观非常重要，它是你们的'北极星'。人生苦短，一定要找到自己的'北极星'，让它指引你的生命，你的工作，而不要浪费生命在一份只求温饱、庸庸碌碌的工作上。"这不仅是针对毕业生的诚挚建言，更是对所有人的点醒，非常值得思考、品味。

在不同人生阶段，人会有不同的追求，但无论什么时候，我们都该为寻找自我价值而自觉地努力。工作是养家糊口的饭碗，更是实现自我价值的重要途径，是自身生存和个人发展的重要平台，为此我们不该得过且过，而应严格地要求自己，积极投身所从事的工作中，充分发挥自主能动性。

某年夏天，一群工人正在铁路路基上工作，他们穿着老旧的工装，在炎炎烈日下挥汗如雨。这时，一辆专列停了下来，车上下来一个西装革履的男士，这人友好地跟其中一名工人——安德森打招呼："安德森，你好，见到你真高兴。"接下来，两个人进行了长达一个多小时的交谈，然后握手道别。

其他人问安德森："刚才那个人是谁？"

安德森回答："墨菲铁路公司的总裁吉姆·墨菲！"

"我们的总裁？"其他人好奇地问，"你跟总裁那么熟，你们是老朋友吗？"

安德森叹了一口气，感慨地说："十多年前，我们是在同一天开始为这条铁路工作的。只不过，我只是为每小时1.75美元的薪水而工作，经常私底下偷懒；而吉姆·墨菲却把工作当成自己的事业一样认真做，那时候我经常说他太傻了，可现在我仍在烈日下挥汗如雨，而他却成了总裁。"

的确如此，自从踏进铁路工地那一刻起，吉姆·墨菲就抱定了要做同事中最优秀者的决心。当其他人抱怨工作辛苦、薪水低而怠工时，他却要求自己尽心尽力工作，默默地积累工作经验，并自学管理知识，他的理由是："公司并不缺少打工者，缺少的是既有工作经验又有专业知识的技术人员或管理者。我不光是为老板打工，更不单纯为了赚钱，我是为自己的远大前途打工。"

觉醒吧，生命需要的不仅仅是温饱，而是找到自身价值所在。请不时地问问自己：你能发挥多少能力？你能贡献多少能力？当你热爱自己的工作，积极而认真地完成它，并朝着正确的方向前进时，再普通的工作也会产生新的意义。即使你不能干一番惊天动地的事业，也能让生命熠熠生辉。

最没救的绝症，是看低自己

假如问，你身边或者你见过最优秀的人是谁，你会怎么回答？

在你做出回答之前，我们不妨先来看看下面的故事：

一位有名望的大师年迈之时，想寻找一个最优秀的弟子继承衣钵，他将一位平时表现不错的徒弟叫来，说："我的蜡已所剩不多，得找另一根蜡接着点下去，你懂我的意思吗？"

"我懂，你需要一位优秀的继承者，您的思想光辉得被传承下去……"徒弟说。

"但是，"大师慢悠悠地说，"他不仅要有足够的智慧，而且要有充分的信心和非凡的勇气……这样的人直到目前我还未见到。"

"您放心，"徒弟赶忙说，"我一定竭尽全力为您寻找。"

半年后大师卧病在床，眼看要告别人世，最优秀的人选还没有眉目，该徒弟非常惭愧地说："我对不起您，令您失望了！"

大师失意地闭上了眼睛。"唉，失望的是我，对不起的却是你自己，"停顿了许久他才说道，"本来你就是最优秀的，只是你不敢相信自己……"

最优秀的人是谁？现在，你的答案是什么？

只要你稍微思考一下，就能通过这则故事领悟到：许多人一事无成、平庸一生往往不是别的原因，而在于低估了自身能力——没有抱负，妄自菲薄。最没救的绝症，是看低自己，因为自卑的阴影会遮住心中的太阳，让你看不到了光明。连你都看不起自己，别人又如何看重你？

低下头来，我们比他人都要低，但抬起头来，我们就与他人一样高，甚至你会发现，自己比别人还要高，还要优秀。从此刻开始觉醒吧，我们每个人都是独一无二的，即使自己再差劲，也有存在的价值。很多时候一个人所获成就的大小，关键就在于你如何看待和认识自己、如何发掘和重用自己。

一个年轻人是一家富商的少爷，他很英俊，有才华，有德行，可惜是一个驼子，这个缺陷令他非常自卑。当被父亲选定为事业接班人时，他诚惶诚恐，担心自己做不好。有一天，富商请了全国最好的雕刻家来给儿子刻雕像。不久后雕像刻出来了，并且刻得栩栩如生，和年轻少爷几乎一模一样，唯一不同的是雕像不是驼子，背直挺挺的。当少爷看到这座雕像时，心中震撼不已，原来自己可以如此伟岸。几个月后，少爷听到周边人都说自己的驼背不太严重，这使他内心受到极大鼓舞。终于有一天奇迹出现了，少爷背竟是直挺挺的，与雕像一模一样。

无独有偶，还有一个类似的事例：

美国有名的钢铁大王安德鲁·卡耐基的座右铭是"相信自己是最棒的"，他曾经是一个身无分文的穷孩子，12岁移民美国，最初当了一名绽子工，16岁时，成为宾夕法尼西州铁路上的电报员。当时他的目标是"我是最出色的工人"。因为他经常这样想，也这样做，最终他实现了这一目标；后来他在一家邮局做邮递员，他想的是怎样成为"全美最杰出的邮递员"，最终他的这一目标也实现了；再后来，卡耐基把从工资中挤出的钱投资到各种各样的公司，他经常收到"你做得很好""你以后还会更好"之类的信息，在这种鼓舞下，他建立了一个日渐庞大的钢铁帝国，成了美国一代富豪……

你相信自己成为什么样的人，并去做了，你自然就会成为你希望的样子。当你觉得自己是一块宝石时，你就是一块宝石。这听起来有些不可思议，但自信就是如此。自信可令每一个信念都充满力量，可令一个人激发锐意进取的勇气，这种积极的态度会进而引发能力、技巧与精力这些必备的条件。

真正阻碍我们前进的不是别人，正是我们自己。请及时觉醒，不再自卑，抬起头来，自己相信自己，自己看得起自己，并付诸实实在在的努力，相信你终能化渺小为伟大，化腐朽为神奇。

视觉转个小弯，活法变个模样

"一个人越是喜欢钻牛角尖，越是对自己一无所知。"

——阿弗雷德·阿德勒《自卑与超越》

什么是钻牛角尖？就是遇事思维僵化，办事不知变通，从不考虑事情的各个方面及事物的多样性，只认定一个想法，一条道走到黑，最终山穷水尽、难以自拔。生活中有些人总觉得自己不幸，其实，有时候事情并没有我们想象的那样糟糕，只是我们不懂得随时调节自己的心态，调整自己的方向和步骤，钻了牛角尖，所以越陷越深。

一个小女孩趴在窗台上，看到窗外的人正埋葬心爱的小狗，不觉泪流满面，悲伤不已。她的外祖父见状，连忙引她到另一个窗口，轻轻地对小女孩说："那不是你站的窗口。"打开这一扇窗子，女孩看到的是小鸟欢唱，百花齐放。平静的湖面，微风吹过，碧波荡漾，悲伤的小女孩的脸上有了笑容，有了温情。

这个故事的真理就是，让你的视觉转个小弯，活法就能变个模样。

人生有喜有悲，有得有失，有欢乐更有伤痛，任何事情皆有其两面性——好与坏，当然这一切都不是既定的，因为喜或悲、得或失、好或坏等，这一切都取决于我们的心态。比如，有人喜欢下雨，一到下雨天就觉得心情舒畅；而有人则觉得下雨让人心情压抑，这就是典型的心态决定一切。

当你拥有好心态时，对世界充满善意，看到的世界也是光明的；而当你心态不好时，你会觉得世界变得肮脏、丑陋，充满了失望和烦躁。所以，当感觉被生活拖入无望的深渊时，请将视觉转个小弯，试着凡事皆往好处想，以一种好心态去面对，就有了柳暗花明的惊喜。

莉莎觉得自己是一个不幸的女人，每天早出晚归地上下班，接送孩子，买菜做饭，忙不完的家务活。夫妻虽然恩爱有佳，但丈夫长相、能力等方面过于普通。更糟糕的是，今天牙医错拔了她的一颗好牙，她在回家途中又摔了一跤。莉莎感到惶恐极了，她想：难道这就是我要的生活吗？如果一辈子都这样，我宁愿不要再多过一天。

这时，邻居米菲太太看到了愁容满面的莉莎，热情地邀请她到自己家里做客。米菲太太每天都笑容满面，生活于她而言，似乎永远都是快乐时光。莉莎一坐下，就开始向米菲太太提问："你实在让人羡慕，你生活得很幸福吧？"

"当然！"米菲太太笑着说，"你也很幸福呢！"

"不，"莉莎无奈地摇摇头，"每天早出晚归地上下班，很累。"

米菲太太则说："你应该庆幸自己有份工作，而非失业。"

"假如你的丈夫很平庸，又没有钱，你的心情会怎样？"

"如果是这样，我会高兴地想，男人有钱就变坏，我很庆幸他一直那么爱我。"

"假如拔牙时，医生因失误错拔了你的好牙，你心情会怎样？"

"如果是这样，我会高兴地想，我很庆幸他错拔的只是一颗牙，而非我的心脏。"

"假如你正行走，突然掉进一个泥坑，摔得身上满是泥巴，你心情还会好吗？"

"如果是这样，我会高兴地想，我很庆幸不小心掉进了泥坑，而非无底洞。"

"如此说来，生活中没有什么可以令你痛苦的，生活到处都是快乐？"莉莎质疑地问。

米菲太太带着快乐的神情回答道："对，如果你愿意，你会在生活中随时发现和找到快乐。痛苦往往是不请自来，关键在于我们要学会如何去寻找快乐和幸福。

我的方法是，无论在什么情况下，即使情况再差也要相信事情不会太糟糕，要乐观、积极地去面对所有的遭遇，去发现美好的一面。"

……

任何事情本身都有两面性，而影响我们的无非是自身看到的是那一面。当我们已经就一件事情分析了好几个角度时，如何面对和看待此事全都取决于自己，既然如此，当然就应该选择那个对自己心态最有利的角度，这样既能让自身保持好心情，也有利于事情的正向发展。

春花谢了，林黛玉的反应是悲伤葬花，而若她想到的是"零落成泥碾作尘"，是为了明年更美好的春色而献身，自然也就不会伤春悲秋地暗自神伤了。

国外有一种T恤设计得十分精妙，上面的几个英文字母是"I hate U"，而在镜子中看时又变成了"I love U"。不同的角度，看到的竟然是截然相反的两个句子，这就是设计师巧妙运用了人们视觉角度的结果。在这个世界上，连爱恨都可以转换，还有什么不可以呢？

有句话说得好："日出东海落西山，愁也一天，喜也一天；遇事不钻牛角尖，人也舒坦，心也舒坦。"的确如此，哪怕环境再恶劣，哪怕情况再糟糕，不钻牛角尖，不拘泥眼前，不自怨自艾、不绝望、不自弃，用未来的光明和美好提醒自己，相信美好生活总会到来。

你若放弃了自己，没有人能救得了你

在人生中，我们会遇到许许多多的事情，也许是一些很残酷的事，例如在工作中遇到无端责难时，没有人及时来安慰你时；遇到突发事故，没有思绪手足无措时；当因人生的种种难题而困顿不前，没有人给你指明方向时……此时你会如何做？相信每个人都有自己的选择，其中一部分人此时会怀疑自己被生活放弃了，而后在沮丧中浑浑噩噩，甚至一蹶不振。

每个人都有选择如何生活的权利，但我们必须认清这样一个事实：在人生这条路上没有人能解救我们，真正能帮自身从不幸中解救出来的只有自己。一个人如果什么都不做就举起双手向命运投降，那么之后承受的就只能是屈辱和不堪。

文芳是一个二十多岁的女孩，她的家庭背景非常不错，是朋友圈里有名的"富二代"，自小就过着衣食无忧的富足生活。这也导致文芳有些娇生惯养，害怕挫折，每当遇到点困难，"放弃"二字就会直接进入她的脑海。比如，她嫌学英语太累，就放弃了出国留学的计划；她嫌销售工作太难，就辞职找了一份办公室文员的工作，每天得过且过。文芳以为有父母在背后做保障，自己可以如此安安乐乐一辈子，但生活哪里有那么多一帆风顺。

后来文芳父亲遭遇了生意的变故，母亲也生了重病，家境一落千丈。文芳想在经济周济下父母，无奈她自身都顾及不来，每月的固定工资，除去吃穿住行等日常花销，到月底经常已所剩无几。文芳计划换一份工作，但她文凭不高，能力不突出，哪有好单位愿意聘用她。这时文芳才后悔莫及，如果当年上学时好好读书，不放弃留学；上班时做好工作，不放弃努力，也不至于快四十岁了还是月入两三千元、入不敷出的小文员。

每个人的人生都是需要自己去走完的，总是想着依靠别人的帮助，这样的人生注定会是被动的。人生起起落落无法预料，我们需要时刻提醒自己，把命运交给自己，而不是其他任何人。

天无绝人之路，一个人只要不放弃自己，保持努力和上进，世界就不会放弃你！

1982年在澳大利亚一位啼哭的小婴儿来到了这个世界，可是他的出生并没有带来欢声笑语，却让这个家庭蒙上了一层悲伤。他小小的身体没有四肢，只有在臀部以下有个像"鸡爪"一样带着两个脚趾头的"脚"。他的父亲看到他的第一眼不禁吓了一跳，甚至忍不住跑到角落里呕吐不已；而母亲看到他伤心不已，不相信眼前看到的一切。

小小的他在家度过了快乐的童年。很快，他到了读小学的年纪了。在爸妈送他进入学校后，他发现了自己与周围人的不同。同学们都有两只手，可以轻松的拿起铅笔；同学们有两只脚，能在体育课时健步如飞。而自己只有一只小小的"脚"，当他意识到自己不是一个四肢健全的人时，心中自卑，意志消沉。母亲发现他的情绪状态不好，试图安慰他，却换来他大声吼叫。一次他被同学嘲笑，一时想不开回到家躺在浴缸里自杀，却被家人救起。经过这次"劫后余生"，他慢慢接受自己，学习用他仅有的小"脚"代替四肢生活。经过长期的训练，他的"脚"除了保持身体的平衡，还能打字、吃饭，以致于参加户外运动踢球、冲浪。

随着潜能不断地开发，他开始在世界各地演讲，向人们讲述自己自强不息，勇敢与命运抗争的故事。他的演讲慷慨激昂，打动着人们的心，越来越多的人被他自强不息的精神所感动。后来，他创办了一个组织，积极帮助同他一样身体有缺陷的人正视自己，摆脱生活的阴影，勇敢追求属于自己的新生活。

他曾经说过："人生的遭遇难以控制，有些事情不是你的错，也不是你可以阻止的。你能选择的不是放弃，而是继续努力争取更好的生活。"无情的生活没有打败他，却让他活得更加熠熠生辉，他是谁？他就是著名的澳大利亚演讲家——尼克·胡哲。

尼克·胡哲的人生经历了许许多多的苦难，然而他却一次次地挺了过来。他值得我们敬佩的地方就在于，他的每一次成长，每一次收获都是从无情命运的口中夺过来的，上天没有赐予他健全的四肢，但却给了他坚强的意志及不认输的倔强性格，他用自己的坚强和勇敢战胜了苦难，将人生的画卷绘制得多姿多彩。

不要高估不幸的杀伤力，也不要低估自己的承受力。很多时候，我们的承受力远远超出自身的想象。没有过不去的坎儿，只有过不去的人。如果你能始终坚信自己，抱定一颗永不放弃的心，那么即便再孤立无援，你也能最终将自己解救出来，并重新改写自身的命运。

只想不做，是我们蹉跎了岁月

世界上最遥远的距离是什么？诗人告诉我们：想要却得不到。

那么想和做之间的距离是什么？也许是默默暗恋时的一句"我爱你"；也许是机会降临时的一个果断决定；也许是落后时的一次坚持；也许是克服恐惧后的一次实践……总之，当你有一个想法时，就应该立刻将它付诸行动。想与做之间，差的就是这关键的"第一步"。

某县城的一家饭店里欢声笑语不断，毕业十几年的初中同学们聚在一起举杯欢庆，他们中有人成了老板，有人成了教师，有人当了家庭主妇……人生百态，难以详述。此刻，大家都在听昔日的班长林想畅谈自己的未来计划。林想认为如今电商行业发展迅速，如果能联合县城里的大小超市，开展同城快递送货业务，一定能够大赚一笔。林想越说越激动，他说归拢超市业务只是第一步，接下来就要推出各种便民快递业务，并把快递网铺到更远的乡下。同学们都觉得这是一条生财之路，鼓励林想一定要坚持下去，但却没有几个同学真的愿意与林想合作。大家都知道，林想从学生时代就是一个学习好、点子多，但缺乏行动力的人，他曾有很多好计划但都没有实施，以致现在仍然高不成低不就。

其中一位同学对林想描述的业务很感兴趣，他见林想迟迟不动手，就干脆自己利用手头的资金成立了一家小快递公司。因为便民又省钱，这位同学的生意红红火火，不到一年就开始盈利，小公司越来越壮大。林想听说后，和另一位同学说：

"看吧，我就说这一行肯定赚钱，你们都不听我的，谁也不和我合作，我就没有做起来！"该同学忍不住问："那你为什么不自己做呢？"林想支支吾吾，说了一些诸如"资金不足"、"害怕货运风险"、"做事业太辛苦"之类的理由，听得人直摇头。

说永远比做容易。无论你有多高的天赋，多丰富的资源，多聪明的头脑，多完善的计划，多少人愿意帮助你，如果你没有行动力，一切都是空谈。

关于未来，关于事业，关于生活，谁都有许许多多的想法，我们甚至会为内心的宏大计划窃喜不已。但又有几个人真能将这些想法变为了现实？一旦涉及行动，多数人会叹气，找借口，否定自己。若干年后，看到别人成功了，又开始叹气，开始羡慕，强调自己当年也有同样的机会。可如果真的再给你一次机会，你就会成功吗？恐怕不能。只想不做，只有失败。

觉醒吧，不论你想做什么，不要再躺在床上幻想，不必一味地写计划书，勇敢地行动起来吧。"行胜与言"、"言必行，行必果"、"说到不如做到"，这些话都是说要想做成某件事，并不是说说而已的，是需要行动去实现的。将想法落实在行动中，这才是成功的正确打开方式。

8岁生日那天，罗伯特收到了祖父送给他的礼物：一幅被翻得卷了边的世界地图。这幅地图大大开拓了他的视野，使他产生了非常多的愿望：到尼罗河、亚马逊河和刚果河探险；驾驭大象、骆驼、鸵鸟和野马；读完莎士比亚、柏拉图和亚里士多德的著作；谱一部乐曲；拥有一项发明专利；给非洲的孩子筹集100万美元捐款；写一本书。说到这其中的很多愿望，大多数人也曾有过，但也仅仅是想想而已。罗伯特不一样，对于自己的梦想，他说干就干，没有半点犹豫。

当得知罗伯特经济状况并不好，而且想用八十美元周游世界时，别人都认为他疯了，简直痴人说梦，但人们的冷嘲热讽根本动摇不了罗伯特的决心。他在口袋里装好八十美元，兴致勃勃地开始了环球之旅。最终，他完美地实现了自己的梦想，让嘲笑自己的那些人无地自容。罗伯特究竟是如何做到的？以下是他旅行经历的一些片断：

在巴黎，罗伯特提供了一份美国人最近旅游习惯的资料，他在一家高档的宾馆享受了一顿丰盛的晚餐。

从巴黎到维也纳，由于他搭乘货车的司机在半途得了急病，已经拥有国际驾驶执照的他将司机送到了医院，并将货物安全送到了目的地。货运公司非常感激他，专门派车将他送到了维也纳，当然是免费车。

在瑞士一家新开张的公司门口，由于公司用来拍摄庆祝照片的照相机出了故障，再去买新的已经来不及。恰巧在场的罗伯特免费为他们拍摄了照片，他们送给罗伯特一张到达意大利的飞机票。

罗伯特按照自己记下来的愿望去规划自己的行动，几年过去了，书中的梦想一次一次地变成现实，最终他达成了106个愿望，成为了一位著名的探险家。

碌碌无为与成绩斐然的差别，就在于你是选择说还是做。我们都知道万事开头难，一个好的开始就是成功的一半，想要成功就必须跨出行动这一步。"千里之行，始于足下；不积跬步，无以至千里；不积小流，无以成江海"，可见唯有一步步地踏实前行，方可成就一番伟业。

不论你和梦想的距离多遥远，只要你现在行动起来，它终会出现在离你最近的地方。

梦想虽好，但也要接地气

人不能没有梦想，但不管大小都要切合实际。否则，即使付出再多的行动和努力，也是痴心妄想。

当下，不少年轻人总抱怨"梦想很丰满，现实很骨感"，抱怨自己心怀梦想却处处碰壁。有时候，其实并不是现实太艰难，而是你的梦想不接地气，不切实际，志大才疏罢了。

一个15岁的少年有一个美丽的音乐梦，他羡慕明星身上令人炫目的光环、粉丝山呼海啸的呐喊，以及随之而来的无边名利。但他既没有唱歌的天赋，又忍受不了学习音乐的枯燥。为了实现自己当歌星的"梦"，他中断了学业，以割腕自杀逼迫父母拿钱送他去北京拜名师学艺。然而他的家庭只是普通的工薪家庭，父母拿不出高额的费用，少年继而离家出走，最后流落到收容所。

所幸少年还年轻，还有机会从黄粱梦中醒来。与他相比，有多少人待迷途知返时才发现已然积重难返。觉醒吧，虽然每个人都希望抵达成功的最高峰，可是梦想再高远，也要考虑自身能力和现实条件。换句话说，一个人的梦想未必需要伟大，而应以事实为基础，以能力和意志为桥梁，是能够看得见并且触之可及的东西，这样的梦想才是可实现的。

山田本一原是一位名不见经传的日本运动员，可他在1984年东京国际马拉松邀请赛、1986年意大利国际马拉松邀请赛上，先后出人意料地夺得了世界冠军，一时间轰动了全世界。当记者问山田本一凭借什么取得惊人成绩时，不善言谈的山田本一用了同样一句话回答：用智慧战胜对手。当时许多人都认为山田本一在故弄玄虚，毕竟马拉松比赛是一项非常考验体力和耐力的运动。

十年后，这个谜终于被解开了，山田本一在自传中说："起初比赛时，我总是把目标定在40多公里外的终点线上，结果跑到十几公里时我就疲惫不堪、力不从心了。后来，我把比赛目标进行了细化。每次比赛之前，我都要乘车把比赛的线路仔细地看一遍，并把沿途比较醒目的标志画下来，如第一个标志是黄色的房子；第二个标志是一棵大树……这样一直画到赛程终点。比赛开始后，我就以百米的速度奋力地向第一个目标冲去，抵达目标后我又以同样的速度向第二个目标冲去，就这样40多公里的赛程，我的情绪一直很高涨，如此便能轻松地跑下来了……"

实现梦想应该由小到大，一步一个脚印地前进。当你的才华还撑不起你的梦想的时候，你就应该静下心来学习；当你的能力还驾驭不了你的梦想时，就应该沉下心来历练。梦想，不是浮躁，而是沉淀和积累。别再好高骛远，好好思考下你现在的能力，能做什么，不能做什么，重新调整你的梦想吧！

别再想着用一年的时间去买房买车，想想怎么努力租间更好的公寓；别再老想着码码字潇洒走天涯，想想怎么找个养家糊口的工作；先别想着什么飞黄腾达，让领导刮目相看，先给自己制定一些小目标，如这个月完成一个什么样的业绩，这半年有什么进步，等等。

曾经读过这样一则故事，令人很受启发。

法国一家报纸进行了一次有奖智力竞赛，其中有这样一个题目：如果法国最大的博物馆卢浮宫失火了，在这种情况下只允许抢救一件珍品，你会抢救哪一件？这家报纸收到了成千上万个回答，有人说抢救《维纳斯》雕像，有人说抢救《蒙娜丽莎》油画，还有人选择抢救《胜利女神》雕像，其中法国著名的作家贝尔纳以最佳答案获得该题的优胜奖，他的回答是："我抢救离出口最近的那件！"

不选最有价值的那个，而是最可能实现的那个，多么聪慧的选择！梦想也是如此，当梦想越来越契合实际，你就越能稳步前行。每一步走得踏踏实实，一切就会顺理成章地发展，直至产生好的结果。

第三章

别让昨日的经验，
束缚今日的脚步

———————

　　什么样的想法决定什么样的活法，这就像在同一环境里生长的双胞胎，却极有可能长大成人后性情各异，成就也迥然不同，原因就在于他们对于发生在周围的事有了不同的想法，逐渐地，这些想法形成性格、思想、做人做事的态度，最终决定了他们的一生。

———————

不改变观念的人，就只能天天喝凉水

　　十年说着同样的话，十年穿着类似的衣服，十年留着一样的发型，十年守着相同的习惯……或许这是个怡然自得的人，但却不大可能成为成功人士。因为科技在进步、知识在更新、生活方式在转变，如果一个人过于因循守旧，不肯改变观念，可能不经意间就会被时代所淘汰。

　　20年前说下海能赚钱的人，被认为是骗子；

　　15年前说炒股能赚钱的人，被认为是骗子；

　　10年前马云说互联网能改变人们的生活，也被认为是骗子；

　　5年前说买房越早越受益的人，被认为是骗子；

　　……

　　那些说别人是骗子的人，生活模式一成不变，人生没有大改变。而那些当年所谓的"骗子"却春风得意，人生大为改观。为什么？就在于后者的观念与时俱进，跟得上时代。所以，要想改变结果，就要先改变行为，而转变行为，首先要改变观念。这就叫作思路决定前途，观念决定贫富。

　　我们面对的是一个越来越动荡的世界，没有一种商业模式是长存的，没有一种竞争力是永恒的，没有一种资产是稳固的。你想获得成功，你想拥有财富，你想和别人不一样，最重要的是什么？那就是要改变你努力的方向，你必须有与众不同的观念。有什么样的想法就有什么样的未来，有什么样的想法就有什么样的生活。

　　觉醒吧，成为百万富翁不在于你有没有资金、有没有机会，而在于你有没有去选择成为一位百万富翁，有没有成为一位百万富翁的相关观念。

美芳原本是一个生性羞涩、以夫为贵、只想过安稳日子的小女人，她很少出入各种商业聚会。然而丈夫的工作突然遇到了变故，使家庭陷入捉襟见肘、寅吃卯粮的赤贫状态，这让美芳下定决心改变自己的人生！"谁规定女人结了婚只能安稳过日子，如果我改变一下自己，去做一份力所能及的工作，我是不是也能改变现在的生活？谁说我生性羞涩，勇敢一点，我应该会做得很好！"就这样，美芳告别了"全职太太"的身份，重新踏入了职场。

30岁的美芳觉得自己各方面的思想、能力跟不上当前职场的发展，便利用业余时间重新返回校园，先后拿到了政治、历史学士学位，她的知识不断增长，内在的修养气质也得到了极大提升，说话干脆，做事利索，很有职业女性范儿。然后一次偶然的机会，美芳进入了市级电视台，成为一名初级广告销售代表。这份工作与美芳的专业并不吻合，但她没有退缩，她知道在竞争如此惨烈的情况下，要想生存下去必须做出改变。在接下来的日子里，美芳努力用营销理论来武装自己，并且硬着头皮去拜访不同的客户，她努力改变自己的内向性格，热情洋溢、积极主动地面对顾客。渐渐地，美芳成了众人眼中能说会道、舌灿莲花的人，她甚至因此被一名客户经理称为"疯女人"。当然，她的改变使她收获颇丰，业绩蒸蒸日上。

一个人的观念要与时俱进，才能把握更新的机会。

然而，一个人的观念最难扭转，这不是一句空洞的口号，更不是立竿见影的事情，需要个人付诸行动并为之不懈努力。比如，不断学习新的知识，不断开拓自己的思维，摒弃陈旧腐化的观念；主动去认识未知的新事物或新产品，不断使自己与当前的时代接轨，等等。

出身的好坏，并不决定你有朝一日的成败

刘凯是个从大山走出来的男孩，很长一段时间他都不愿接受自己的出身，对家里的瓦房、旱厕、发黑掉墙皮的墙壁，乃至面朝黄土背朝天的父母都很避讳。虽然他后来接受了高等教育，毕业后也有一份不错的工作，但他依然害怕别人问起他的家庭情况，他尽量减少社交，总是独来独往，后来他喜欢上一个女孩，却担心自己出身不好而遭到拒绝，并为此痛苦不已。

一个人的出身很重要吗？从表面来看，似乎许多事情和我们的出身有关系。出身良好的人相对眼界要宽，所受的教育要好，比一般人少走很多弯路，而能更快地成功。相对地，出身低微的人因为外在条件的限制，可能会遇到诸多困难和障碍。这让很多年轻人学会了认命："人与人的不平等，从卵巢就开始了"，很多人就这样放弃了努力。

更有甚者，把自己事业的不成功，生活的不如意，爱情的坎坷，归结为自己的父母。

"要不是我家里没有后台，我肯定能考上公务员"；

"要是我爸也能给我一笔钱，我肯定创业当老板"；

"要是我家在市区有房子，我现在就能安安心心工作了"；

……

这似乎已经是大家的习惯性思维，总是把别人的成功归结为出身好，却没有个

人愿意承认自己的不成功是因为自己不够努力。

是的，出身的好坏永远不能决定一个人的成败，出身好的人有自己的生活方式，出身低微的人也有自己的路要走。也许你的家庭经济基础不好，让你从小就体验到物质的匮乏和自卑的痛苦；也许你的父母社会地位低，没受过什么教育，无法给你任何成长的引导……但只要你坚持努力和奋斗，你的人生早晚都会有改变的可能。

"我无法选择自己的出身，但我可以创造自己的人生。"田琴常用这句话来鼓励自己和身边的朋友，"如果当时我认命了，那我估计到现在还没走出那个连网络信号都没有的小村庄。而我母亲仍每天背着比她还重的麻袋，一步一停地在山间小路上挪动，依旧住在那个四面透风的屋子里，摔倒了都不会有人知道。"田琴以一种轻松的口吻向朋友诉说着，曾几何时这是她不能言说的痛。

田琴出生在四川大凉山的一个偏远山区，父亲每年外出打工，母亲则留在家中照顾一家老小。田琴是家里的长女，除了上学外，每天还要帮母亲做家务、照顾两个弟弟。"通过读书来改变命运"的想法从小就深深地刻在她的脑海中，她比班上的同学都努力。高考的时候，她生了一场大病，靠着营养针才顺利参加了高考。凭借自身的努力和毅力，田琴顺利考上了南方一所重点大学，并拿到了就学资助金。家庭的贫困没有影响田琴的心态，学校内外总可以见到她活跃的身影，在学院辩论赛上，她被评为最佳辩手；在学院英语演讲赛上，她出色发挥并获得特等奖。同时，为了减轻家里经济压力，她积极参加各类勤工俭学——贴海报、发传单、做家教、跑销售等。

当别人四处找工作时，田琴则因为优异的成绩和良好的表现被学校留校任教，就这样田琴成了学弟学妹们口中的厉害学姐。任教后，田琴整天黑白颠倒忙个不停，她认真地备每一堂课，一门心思地教好自己的课程，更是利用周末时间在图书馆"进修"，不断充实自己；她关注学习相对落后的学生，调停学生矛盾，不厌其烦，苦口婆心；她四处奔走联系优质的招聘企业，为学生寻找实习和就业机会……在阅读与思考、实践的过程中，田琴开始有意识地总结自己的教学经验，细细品味其中的精髓，开始在省内一些核心期刊发表论文，并多次被评为"省级优秀教师"，赢得众人的美慕。谈到自己的经历，田琴娓娓道来："人不能认命，越努力越幸运，事在人为。所以，关键还是要自己有能力、有资本，唯有努力是可以改变的，我们才能过得更好。"

人，既然无法选择出身，那么唯一可以把握的，就是如何选择自身的人生道路。就像是一棵树，你没法决定自己长在海拔为几十米的平原上还是海拔为几千米的高山上，但你完全可以决定自己在平原或高山上长一米高还是十几米高。

所以，不必因出身低微而自认低人一等，更不能因抱怨而失去行动的能力。从现在就开始觉醒，勇于驾驭自己的命运吧。相信通过不懈的努力和积累，你终将改变自己乃至整个家族的命运。怕就怕，你本就一无所有，还不知道努力，那就只会居于人后，永远没有"逆袭"机会。

不给想法设限，才能活出人生无限

在追求成功的道路上，你是否常常四处碰壁，丝毫不见进展？在做一件事情时，你是否时常感觉疲累，甚至毫无头绪？你是否感慨生活杂乱无章，每天都在混日子？……此时不少人会抱怨自己运气不好，抱怨老天的不公平等等，殊不知有时是一堵堵思维的"墙"，把你与成功的人生和美好的生活隔开了。

这听起来似乎很难懂，下面举例来说明。

一家国际500强公司招聘一名高级市场策划经理，苏珊经过重重激烈的比拼杀出重围，进入最后的面试环节。苏珊十分珍惜这次机会，并为此做足了准备。出人意料的是，面试官面试时并没有提多少问题，而是直接给苏珊发了一套白色制服和一个精致的黑色公文包，然后说："请换上公司的制服，带上公文包，五分钟后再来参加面试。我要提醒你的是，你所穿的制服上有一小块黑色的污点，而我们要求员工必须着装整洁，怎样对付那块小污点，就是你的考题。"

苏珊立即飞奔到洗手间，拧开水龙头，撩起自来水开始清洗那块污点。洗了一会儿，污点是没有了，可前襟处被浸湿了一大片，而且看起来皱皱巴巴。她本想用烘干器对着那块浸湿处烘烤，但眼看五分钟马上过去了，她只好穿着湿漉漉、皱巴巴的制服跑回办公室。面试官坐在办公桌后面微笑地看着苏珊，并问道："如果我没有看错的话，你的白色制服上有一块浸湿处，是清洗那块污渍所致吗？"

"是的，"苏珊诚恳地说道，"我将那块污渍洗干净了，但还没来得及烘干。"

最后，苏珊落选了。苏珊不甘心地追问面试官不选择自己的原因。面试官微笑着回答道："你为什么要浪费时间和精力清洗那块污渍呢？别忘了，我们还给你提供了一个黑色公文包，你大可把它放在前襟上，直接遮住那块污渍。很抱歉，我们这个职位要求有想法、有创意的人，显然你并不符合。"

能够把人限制住的，只有人自己，人的常规思维。

所谓常规思维，是指你和身边多数人普遍认同、自觉遵循的观念、思维、准则等。常规思维方式可以使我们在思考同类或相似问题时，省去许多摸索和试探的步骤，不走或少走弯路，但另一方面也容易使人思想僵硬，一味遵循常规思维，往往难以进行新的探索和尝试。在生活中，遵循常规思维的人永远是平庸的大多数。

同一个问题，每个人的处理方法都不同，那是因为我们每个人的思维角度不一样。一些看似难以解决，甚至完全无法做到的事情，如果打破常规思维，则会迎刃而解。

《司马光砸缸》是大家耳熟能详的故事，按照常规思维模式营救落水人的原则就是跳到缸里救人，实现"人水分离"。当时司马光面对紧急险情，无力将落水小伙伴捞起，他利用创新性的一种思维，果断用石头将水缸砸破，从而挽救了小伙伴的性命。细细品味，是不是会有一种豁然开朗的感觉？

为此，你不妨试着培养自己的发散思维。当面对一个问题时，让思维任意向各处发散，就像车轮的辐条一样。答案越多越好，这样可以使思维变得更丰富、更灵活，令创新能力得到很大提高。例如，砖头有多少种用途？你能想起的答案有什么？造房子、砌院墙、铺路、钉钉子、当武器打人、磨刀、垫东西或压东西，或者做成一件艺术品……

人的思维空间其实是无限的，就像砖头一样，至少有亿万种可能的变化。当我们正陷入一个看似走投无路的境地，或处于一种两难选择之间时就要及时觉醒，这种境遇只是因为固执的定式思维所致，只要在思维上灵活转变一下，或许就能轻松走出困境。

在某条著名的商业街上，晓帆经营着一家高级服装店，她既是店长，又是设计师。一天，晓帆为一位顾客熨烫一条刚做好的高级裙子，结果不小心将裙子烫了一个小洞，这真是太糟糕了。开始晓帆想用同颜色的细线把破洞补上蒙混过关，但一旦被顾客发现那就会砸了本店的招牌；那么干脆向顾客说明事实，真诚地道歉并赔偿损失，但这样无疑也会损害店的声誉。怎么办？晓帆既焦急又苦恼，但她提醒自己一定要保持冷静，积极思考，争取将损失降到最低。

经过一番苦思冥想，晓帆终于想到了一个好方法。接下来，她在那个小洞的周围又挖了许多洞，并精心饰以金边，为其取名"凤尾裙"，顿时这个裙子变得更精致、更华贵。当顾客前来取裙子的时候，看到这条漂亮的裙子喜欢极了，她当即请求晓帆再给自己做两条同样的裙子。消息一传开，不少女士专门前来购买这种"凤尾裙"，晓帆的生意也因此异常兴隆。

不给自己的想法设限，寻找一切有可能扭转乾坤的机会，采取积极灵活的应对策略，可让看似难以解决的问题迎刃而解，让看似难以完成的事情顺利进行。

也许，你的能力不是最优秀的，经验不是最丰富的，技术不是最熟练的，但当你开始尝试着不给想法设限时，你就已经摆脱了常规思维的"栅栏"，你的目光将比常人更透彻，谋略比常人更长远，成就比常人更卓越。因为当一个人的想法无限时，人生也就充满了无限可能。

我们都被"想当然"耽误了好久

你是否有过以下经历？你在某宝上看上一双粉色马丁鞋，想当然地认为是女款赶紧拍下，收货时才发现居然是男鞋，然后退货、和卖家纠结，浪费了很多时间。又或者当你身在一个陌生地，你想当然地认为自己方向感很好，就跟着自己的感觉走，结果很可能南辕北辙，浪费体力不说，还破坏心情；还有，当在工作中遇到问题时，你想当然地以为该这么做，没有请示老板就行动，结果一做就错，多做多错，最后弄得自己什么事情都不敢做……

这样的事情听起来可笑，但多少人因"想当然"导致失误，给自身带来不必要的麻烦或使自己陷入困顿之中。什么是"想当然"？所谓"想当然"就是指一些人在看待、评价某些事情时，单凭主观看法下结论，认为事情一定应当如此，但这种想法的特点是表面上看似合理，往往却不符合实际。

我们应告诫自己：凡事不能想当然，人应清醒地生活！

韩枚是有钱人家的千金小姐，自幼锦衣玉食，她所处的时代奉行所谓"女子无才便是德"观念，很多待嫁的小姐每天在家都是读书、养花或做针线。但韩枚却对这些毫无兴趣，她偏偏想像男子们一样上学，接受系统的教育。虽然父母都反对，但韩枚始终坚持，跟着一个私塾先生开始了学文认字。乡亲们纷纷议论，这样的女人太要强、心性高，娶不得的，但韩枚却充耳不闻。事实证明，读书使韩枚的气质得以提升，比周围的同龄姑娘都有涵养。

23岁时，韩枚依然没有谈恋爱，乡亲们认为她是一个异类，有人甚至给她扣上"性格孤傲，不好相处""眼光太高，活该被剩下"的帽子。就连父母也催她说："女人青春短暂，年龄越大，越难嫁出去。"但韩枚从未因此发愁，她对父母说："谁规定女人必须要早早结婚，这些都是你们想当然的想法罢了。恋爱和结婚都是顺其自然的事，我只是缘分未到。"由于能识文断字，韩枚被一位爱写诗的青年热烈追求，两个人经常坐在树下写诗，最后喜结良缘。事实证明，韩枚不仅顺顺利利地嫁出去了，而且嫁得比周围的姑娘都要好。

婚后，韩枚没有像其他妇女一样在家忙于烦琐的家务，而是去一所学校当了一名语文老师。怀孕后，她依旧坚持工作，临产时才回家。坐完月子，她把襁褓中的孩子交给婆婆帮看，又迫不及待上了班。乡亲们说，这哪里有当媳妇、当妈妈该有的模样，这样的女人不是贤妻良母，要不得，但韩枚继续坚持教书的工作。事实证明，她将生活过得有滋有味，而且退休后还领上了退休金，惹得众人的艳羡。大家总美慕韩枚的自由自在，又觉得她的做法不合常理，对此韩枚说："我这一辈子过得是自己想要的人生，如果我总是在乎那些想当然的看法，我哪会读书，哪能嫁给先生，哪能当老师，又哪能活得如此自在？"

韩枚没有按照那些"想当然"的方式生活，她活得比其他人更精彩。

很多事不要去"想当然"，因为事实往往和我们想的不一样，不深入了解下定论未免太武断。有这么一句话："眼见都不一定为实"，更何况是道听途说？所以，在做任何选择和决定时，不要太过主观，多看看事实，多想想事实，多分析事实，并以此调整自己的行动，你完全可以做得更好。

昨天的不务正业，或许正是今天的"不误正业"

　　经常听人讲某某不务正业，一般讲者带有批评或质疑的贬义。何为务正业？何为不务正业呢？务正业应是干好所学专业，脚踏实地工作，干一行爱一行等；不务正业则恰好相反，应是用非所学，干甲工作还做乙事，或这山看着那山高，或离经叛道，做些风马牛不相及的事。

　　但不务正业就一定不好吗？不一定！每个人的追求不一样，自然对成功的理解也不一致。无论你做什么工作，从事什么行业，只要内心感到满足和幸福，那就不是无所事事，你就是一个成功者。俗话说得好："三百六十行，行行出状元"，这更是简单扼要的阐述。

　　更何况正业和非正业是相对的，是可以转化的。当今社会发展迅速，每天有职业在消失，又有新职业产生。今天所谓的非正业，明天可能就是正业。

　　提起"雅马哈"品牌，大家会想到什么？一般人会想到钢琴、吉他、架子鼓等乐器，但实际上这些只是雅马哈产品的冰山一角。在生产电子乐器的过程中，雅马哈掌握了数字信号处理技术，然后又学会做各种音频设备以及路由器。同时在生产钢琴的过程中，员工们又掌握了木工工艺，他们又开始做家具，盖房子。另外，他们还生产电动车、摩托车、自行车等，甚至造船、建泳池、制作家用浴缸……正因如此"不务正业"，在激烈的市场竞争中，雅马哈一直可以站稳脚跟，让全世界人民可以弹着雅马哈，开着雅马哈，坐着雅马哈，玩着雅马哈，住着雅马哈。

　　所以，即使你现在正在干着某一职业，它既符合社会需要、适合你的能力发挥，又是你的情趣所在，你也需要多多思考，是否可以在某一方面有新作为，该学习什么？该干什么？将来怎么定位？多多掌握些本领，没准哪天就是你谋生的方式。

不过，不务正业的成功者寥若晨星，因为不务正业势必会遭到世俗的质疑，遭遇众人的批评等，这就需要你具备胆量、见识，甚至冒险精神，还必须付出数倍于人的努力与艰辛。

一个女孩在上幼儿园大班时第一次接触电脑，并误打误撞地喜欢上了"竞技叠杯"，小学时期她玩了五年的"竞技叠杯"游戏，期间她甚至为此废寝忘食。有一天，女孩在线充值游戏卡才发现，自己竟然在这个游戏上花了两万多台币。身边的老师和同学都嘲笑她有些傻，甚至疯狂，甚至有人直接损她："你玩这个能干什么，简直不务正业，以后能有什么前途！"

但女孩认为，有人玩一根棍子，玩出一个老虎伍兹。有人玩一颗球，玩出一个乔丹。而自己叠的是十二个有洞的杯子，也终将会打出属于自己的未来。终于在几年后，女孩幸运地完成了自己的梦想——在2013年世界竞技叠杯16岁女子组个人赛"3-3-3"项目中，她以1.915秒的成绩勇夺冠军，同时也打破了她在台湾地区所创下的2.15秒佳绩，这个女孩就是林孟欣。竞技叠杯在别人看来可能是"不务正业"的行业，林孟欣却在这个行业大获成功。

2015年4月，林孟欣登上中央电视台《超级演说家》第三季演讲，当众说："如果你觉得这几年来叠杯已经成了我的正业，那你又大错特错了。如果褪去世界叠杯冠军的光环，我还是台湾魔板的纪录保持第二名，2016长板嘉年华25米障碍赛第一名，台北竞速自行车直线加速赛第一名，而这些不过都是我'不务正业'的杰作罢了。"

未来会怎样，我们永远不知道，但学一些本领总是好的。当遭遇突如其来的变故时，你起码有立足的能力。所以，你无须花精力和时间去犹豫和纠结什么选择是最好的，有想法就大胆去尝试，感受不同的生活，体验不同的工作，积累不同的能力，你终会"不误正业"。

把钱存起来，不如让它丰满起来

　　幸福的生活总是离不开金钱的支撑，越来越多的人已意识到理财的必要性。但受传统观念的影响，大多数人的理财渠道多以银行储蓄为主，你也是这样吗？

　　请注意，这种理财方式虽然相对稳妥，也简单快捷，但一定程度上也存在不少弊端。

　　浩楠在广州某文化公司做职员，今年24岁的她月薪到手6000元，工作3年存款有10万元左右。她的秘诀是能省则省，每月开销控制在1000左右！吃住在家里、不参加聚会、不外出旅游、不买化妆品、不办健身卡、坐公交车上下班……手头只要有富余的钱，她就立即存入银行。虽然存款的数额每月都有增长，但浩楠的生活却缺少了不少乐趣。她不参与任何社交活动，身边的朋友不断减少，与同事相处也不和谐；尽量不消费的行为，则导致她的生活质量很低，而且经常影响办事效率。更糟糕的是，随着物价的不断上涨，浩楠明显感到存在银行里的钱在不断"贬值"。

　　存在银行的钱越存越少，这已是一个不争的事实。反观那些有钱人，他们基本都会让钱滚动起来，让钱帮自己赚钱。对他们来说，把钱放在银行是最不可饶恕的错误。美国"股神"沃伦·巴菲特先生就说过这样一句话："人一生中能积累多少财富，不取决于你能赚多少钱，也不在于你能存多少钱，而取决于你如何投资理财。"

你不理财，财不理你，把钱存起来，不如让它丰满起来。在新的社会形势下，我们应及时觉醒，转变"只求稳定不看收益"的传统理财观念，积极寻求既相对稳妥，又高收益的多样化投资渠道。投资理财是一种开源式的理财观念，即通过对已有的财富进行合理适当的投资，以获取更高收益的开源，这是一种让"钱生钱"的模式。

"女人一定要懂得理财，"刚刚晋升为部门经理的胡燕说："以前我只知道，有钱了就把钱交给银行，但拼命攒钱却往往辜负了当下的美好。我一直羡慕那些经济界的女性，过着衣食无忧的高品质生活。后来，我发现，钱永远不是省出来的，而是赚出来的。我便开始有意关注电视上的那些财经新闻与理财节目，并时常咨询做理财的朋友们。"

就这样，在一位投资高手的帮助和指导下，胡燕拿出工作几年的积蓄进行了投资，投资时她奉行"把鸡蛋放在了几个篮子里"的原则，买了8万元的国债，用10万元投资了一个小型的、刚刚起步的文化产业，又在所在公司买了3%的股份。一年半之后，胡燕赚了第一笔钱，并拿出一部分盈利邀请父母一起到日本进行了一次温馨之旅。

后来，胡燕所在单位附近建了新楼盘，当时的价格是每平方米3000元左右，位置相当好，胡燕果断支付了一套房子的首付。后来，胡燕看房产市场发展比较好，又买了第二套房子。现在，这两套房产都已升值不少，胡燕自己住一套房子，另一套则出租，每月都能收到2000元以上的租金……如今，30岁的胡燕虽然未婚，却拥有几百万元的家产，令周围人艳羡不已。

仔细分析胡燕的成功，我们就会发现，理财投资不仅仅是储蓄那么简单，而是通过将有限的资源进行合理的分配，让自己的资产像滚雪球一样越滚越大。哪种方式更好？一目了然。

俗话说"看菜吃饭，量体裁衣"，投资并非千篇一律，而要因人而异。如果你想投资，一定要在决定投资事宜之前了解自身的经济状况，包括收入水平、支出的可控制范围，根据可以判断的条件，定好一个投资目标，那么回报就会比较理想。因此，你必须在专业知识上丰富自己，积累自己的投资"成本"。现在市场提供的投资渠道和方式越来越多，如开放式基金、炒汇、各种债券、P2P理财、集合理财等，你不妨留意一下财经消息，多向周围有经验的人请教，或者咨询经验丰富的会计师或者财务专家，越多的相关咨询对投资也就越有帮助。

另外，投资是有风险的，并不能指望轻轻松松就能获取翻倍收益，你要懂得"把鸡蛋放在不同篮子里"的艺术。比如，你可以按1∶1∶1的比例将资金分别进行资金存储、投资实业、购买债券，如果你的日常结余较多，那么你还可以适当投资股票、期货及外汇，或文物古董、珍宝奇玩等。将资金进行多元性的分散投资，既可以降低风险，也可保证资本的有效升值。

持之以恒做下去，相信你的资产账面定会很"丰满"。

原谅那些我们还不能做好的事

谁都渴望成功，希望通过自身努力改变命运，也认定经过一些可歌可泣的努力，和自己死磕、永不服输等，终将登上人生巅峰。可眼前的现实往往是——有时，无论你再怎么努力也改变不了现状，你依然是一个没有道行、没有成就的普通人，多少人因此倍受打击、自甘堕落。

殊不知，每个人都有自身的极限，即最大的承受能力，有些事我们的确很难做好。如果为了标榜成功不承认自己的极限，时刻都想拓展自己的空间，乃至做无能为力、力所不及之事，那么就只能在人生路上庸庸碌碌，屡屡摔跤。明知不可为而强为之，这是笨蛋的愚蠢与贪婪行为。

孙普经营着一家服装生产厂，生意稳扎稳打做了多年，目前发展很不错。但这几年，他被"多家公司引入融资，成功圈钱数十亿"的故事弄得热血沸腾，于是雄心壮志地要走上市的道路。他不惜成本引入高级经理人团队，四处接洽投资者，满心期待地往"互联网＋"的风口策马狂奔，一骑绝尘。当时"互联网＋"入驻的服装厂商已多如牛毛，早已牢牢把控了市场份额，孙普的厂子规模小，也无出挑的技术或更为创新的思路，明显没有优势可言，而且他性格过于保守，有余而强势不足，要带领一群人去"攻城略地"谈何容易。风投迟迟没有进入，有朋友好心建议孙普还是安心做自己的实体生意，孙普却颇有些壮怀激昂地说："当年的马云，不是也没有人搭理吗？现在他还不是一样让人高攀不起？"一年后，依然没有风投选择孙普的团队，每天的成本都在累积，资金已捉襟见肘。

为人生设定高目标、高标准，严格要求自己，这本身没错。但若是追求的目标过大，锁定的高度过高，而自己又不具备相应的能力和实力，那就是为难自己了。这就像举重的人，如果对重量的选择判断失误，选择得太重，超出自己的能力范围，不仅不会成功，而且还有可能伤及身体。

既然如此，我们就需要及时觉醒。英国文学大亨威廉·莎士比亚说："一个人一生到底是悲剧还是喜剧，并不是由其年轻时的幸运或不幸运来决定的。重要的是，我们要有足够的理智，去找寻人生的真谛。"那么，人生的真谛又是什么呢？一句话，不要害怕自己能力有限，原谅那些还不能做好的事。

一个人应当做能做的事，这是对自身的一种尊重，正如罗曼·罗兰在其著作《约翰·克利斯朵夫》中所说："如果不行，如果你是弱者，如果你不成功，你还是应该快乐。因为那表示，你不能再进一步，干吗你要抱更多的希望呢？干吗为了你做不到的事悲伤呢？一个人应当做他能做的事……竭尽所能。"

下面，我们来看一个真实且形象的例子：

美国跳水运动员格里格·洛加尼斯小时候是一个非常害羞的男孩，又有点口吃，为了这一情况父母为他报了阅读与口才的培训班。尽管洛加尼斯学得很认真、很努力，但他在表达方面仍然不尽如人意，还曾被归入学习最差学生的行列。为此，他经常受到同伴的嘲笑和作弄，这令他很失落。不过，洛加尼斯很聪明，通过一段时间的思考，他发现自己的天赋在运动方面，而不在学习上。认清这点后，他减轻了些自责，并开始专注于舞蹈、杂技、体操和跳水方面的锻炼，由于自身的天赋和努力，洛加尼斯果然开始在各种体育比赛中崭露头角，并获得了同学们的尊重。

上中学时，洛加尼斯发现自己有些力不从心了，因为舞蹈、杂技、体操和跳水等技能都需要辛勤的付出，而他没有太多时间和精力去做这么多事，这导致他各方面的进步变慢。后来，在恩师乔恩——前奥运会跳水冠军的指点下，洛加尼斯认识到自己在跳水方面更有天赋，他放弃了舞蹈、杂技、体操等，唯独坚持了跳水专业训练。经过长期的努力，洛加尼斯在跳水方面取得了骄人的成就：16岁成为美国奥运会代表团成员，28岁时已获得6个世界冠军、3枚奥运会奖牌、3项世界杯冠军和许多其他奖项；1987年作为世界最佳运动员获得欧文斯奖。诚然，他达到了一个运动员荣誉的巅峰。

洛加尼斯不苛刻地要求自己，尽可能地扬长避短，有所为有所不为，最终赢得了成功的人生。这也证实了一个不争的事实：好钢要用在刀刃上，才能发挥其最为锋利的特性，其价值才能得到最大体现。

在实际生活中，有人办企业可以获得成功，有人进行金融投资也可以获得成功，这些人的成功来自对自身实力的了解与把握；办企业的人没有去炒股，或者投资房地产，那是因为他知道自己的能力范围是办企业，其他领域就是他极限范围之外了；进行金融投资的人没有去办企业，那也是因为他只做自己能做的事。

所以，当在成功路上屡屡摔跤，对某件事情力不从心的时候，我们不应悲观失望或自暴自弃，而应觉醒并问问自己，是不是我们挑战了自身极限，做了无能为力之事？如果是，那就承认自己的能力和局限，不苛求和为难自己，学着只做自己能做的，量力而为，如此成功便指日可待。

我们行为的最大困扰是偏见

你有偏见吗？

面对这一问题，相信不少人都会给出否定回答。但事实上，每个人或多或少都抱有一些偏见，只是大多数人没有察觉而已，"上海人都很斤斤计较"、"做IT的人很机械古板"、"路边摊肯定没什么好货"、"不爱读书肯定没出息"……以上这些偏见，你是不是占了一两项？或者存有类似的偏见？

偏见是一种可怕的观念，比无知还要可怕。为什么这么说？因为偏见是把某种既定的观点过于绝对化，是对问题的一知半解，对事物的片面看待，带有偏见的人大就像戴着墨镜"行走"，往往"一叶障目"，不能心平气和地面对眼前的人和事，这就走进了一个怪圈：越偏见越不理智。

一个著名的测试就很能说明这一点。

现在要选举一名领袖，你这一票很关键，下面是三位候选人的情况：

候选人A：跟一些不诚实的政客有来往，而且经常咨询占星学家，他有婚外情，并且还是个老烟枪，甚至每天要喝8~10杯马丁尼。

候选人B：有两次被解雇的纪录，睡到中午才起床，大学时吸过鸦片，而且每天傍晚会喝一大夸特威士忌。

候选人C：他机智勇敢、英俊潇洒、慷慨大方，并热心公益。他爱笑，不抽烟，在他周围总是活跃着一群朋友。

　　请问，你会在这三个候选人中选择谁？相信大多数会选择候选人C。理由很简单，候选人A跟不诚实的政客来往、有婚外情，又是烟鬼、酒鬼，这都表明他的私生活混乱；候选人B两次被解雇，爱睡懒觉，说明他很有可能能力不足；而候选人C身上所具备的品质，无疑都是优秀的。

　　但当你知道，候选人A、候选人B、候选人C其实分别是美国前总统富兰克林·罗斯福、英国前总统温斯顿·丘吉尔和意大利最著名的强盗罗宾汉时，你是不是张大了嘴巴？反思自己的选择，你会发现：事情并非简单的非黑即白，人物也不是单纯的非好即坏，很多时候我们之所以产生认知错误，关键就在于观念里的偏见。

　　其实，只要是人都有可能产生偏见，毕竟我们的认知能力有限，知识水平也很有限，很难保证对任何事物的看法都符合真实的实际情况。但事情的关键在于我们的观念，当我们面对不同的观点或面对不了解的事物时，能不能抱着一种求实的态度，不以偏概全，让自己变成理智的思考者。

　　一个美国白人有着强烈的种族主义，他从小就认为黑人低一等，是没有素质、没有涵养、粗暴无礼的，所以他从不和黑人交朋友，也不和他们说话，在大街上遇到黑人时他也会躲得远远的。甚至在举办的班级舞会上，他都会在请帖上明确注明"拒绝任何黑人参加"，而丝毫不考虑班里那些黑人同学的感受。尽管身边有人劝他不该不公平地对待黑人，可他依然不管不顾。

　　后来众人不幸地遭遇了一场车祸，虽然他大难不死，可是眼睛却从此失明。他感到非常痛苦，后来求助于一位眼科医生。这是一位善良而专业的医生，他耐心地开导他，不停地鼓励他，并且还教他如何靠手杖走路、学习盲文，等等。慢慢地，他终于走出了心理阴影，也能够独立生活了。他非常感谢和信赖这位医生，并将对方看成自己的良师益友，直到很久以后他才知道，这位医生是个黑人。他一开始有点气恼，但很快就明白过来，肤色原来没有那么重要，黑人也没有那么糟糕。认识一个人，只知道他是好人还是坏人就可以了，至于肤色于我们而言毫无意义。

　　从此以后，他的偏见就慢慢地完全消失了。他认识了几个黑人朋友，他们的关系很好，并经常在一起聊天、唱歌等。后来，他还和一个黑人姑娘结了婚，生活得十分幸福。"我失去了视力，也失去了偏见，多么幸福的事！"他大笑着说。

行为的最大困扰是偏见，最大阻碍也是偏见。不断改造内心的非理性观念，理智客观地看待问题，心平气和地讨论问题，是我们每个人应持有的觉醒。特别是在决策的时候，不要让偏见和误区诱导我们做出不恰当的决策，凡事多问自己几次："我还有没想到的方面吗？"

当你不被偏见束缚时，你就越接近真理了。

第四章

唤醒潜能，
你会出众得让自己刮目相看

我们每个人都蕴藏着深厚的潜能。譬如不善跳跃的人类被狼追赶时可以跨越四五米宽的壕沟，有的女人遇到危险可将虎背熊腰的壮汉摔倒在地……只不过，潜能大多时候处于一种沉睡状态，需要个人的觉醒，这是一个不断解脱束缚、克服障碍、破除枷锁的过程。

每个人都有惊人潜力，就看你是否愿意唤醒

成功的标准是什么？怎么才算是成功？正所谓"仁者见仁，智者见智"，每个人对此都有不同的见解，但比较一致的说法是：成功就是发挥出自身最大的潜能。

潜能，顾名思义就是潜在的能量，是存在于每个人身上的尚未实现的心理能力，是相对于人的现实能力而言的。有人把潜能比作屹立在茫茫大海中的一座冰山，露出水面的部分是已经发挥出来的能力，而水下的部分即被视为尚待开发的潜能。如果可以唤醒我们身上沉睡的尚未开发的潜能，就可以帮助我们实现成功的最大化。

遗憾的是，生活中不少人尚未认识到潜能的存在，总习惯用一种消极的"标签"定义自己："像我这样的人，肯定一无所成""我能做的只有这些，能有什么大出息？""我做什么都不行，我对自己无能为力"等等。正因为这种自我设限，不少人的潜力被遏制，沦为了平庸之辈！

她是一名默默无闻的话剧演员，一直以来都扮演路人丙。一次女主角因故不能参加演出，出于无奈，导演只好暂时让她来担任这个角色。可她从未演过主角，自己也缺乏信心，以至于排演时演得很糟，这使导演非常不满地说："这段戏是全戏的关键，如果你仍然演得这样差劲儿，整个戏就不能再往下排了！你也就别在剧组待了。"这时全场寂然，她感到屈辱极了，许久没有说话，突然她抬起头坚定地说："排练！"一扫刚才的自卑、羞涩、拘谨。这一次她演得非常自信、真实，

赢得了众人的喝彩。导演高兴地鼓励她说："从今以后，我们有了一个新的大艺术家。"

显而易见，如果不是导演的发火使这位女演员受到刺激，积聚在她身上的表演潜力就不可能迸发出来。

大多数人的痛苦在于对自己的现状不满，又无法改变现状。别再消沉了，即便一个人再一无所是，身上依然蕴藏着无限的潜能。要想改变现状，就得跳出自己或者其他人设下的条条框框，去挖掘属于自己的潜能。很多人已经证明，潜能挖掘得越深，激发得越多，我们便越容易实现和成就自我，离成功就会越接近。

安东尼·罗宾本是一个贫穷潦倒的小伙，26岁时仍住在仅有10平方米的单身公寓里，洗碗也只能在浴缸里洗，生活糟糕极了，前途十分黯淡。然而一次偶然的机会，他有幸拜"美国成功学之父"约翰·葛瑞德为师。安东尼·罗宾开始逐渐认识到了自身潜在的能量，开始利用自我暗示、激励等方法唤醒心中的"巨人"。后来，他从一个不敢上台、不敢当众讲话的人，变成了在众人面前谈笑风生的人，成为世界上顶尖的演讲者。他的事业和生活开始大为改观，成了一名充满自信的成功者。

任何成功者都不是天生的，根本原因在于他们挖掘出了自身无穷无尽的潜能。

每个人自身的潜能是不一样的，有的人有艺术天赋，有的人有舞蹈造诣，有的人擅长画画等。人的某些才能在平时生活中就会有所体现，所以你平时要多观察自己，多了解自己，抓住身边的每个机会锻炼自己，相信你总有一天会令人刮目相看，在某块领域获得显著的成就。

失去斗志的人生才如此失意

天有下雨与日出，人生高峰与低谷。

莫为浮云遮望眼，风物长宜放眼量。

这首古诗告诫我们，做人不能失去斗志。人生路上难免会遇到种种不如意，一个人如果一遇到坎坷就失去斗志，并沉沦在消极状态下，那么很多事情都将难以做到，接下来只能备尝失意。

当年余温满怀斗志，意气风发，决心要干出一番大事业。可因一次投资失误，他欠了很大一笔债务。从此，余温整天宅在家里，不是喝酒就是睡觉。身边人纷纷劝说余温要振作起来，但他的情绪总是低落，导致之后的投资一次比一次糟糕，欠的债越积越多，一度到了卖房子的落魄地步。再后来，余温因为常年喝酒而半身瘫痪，潦倒余生。

没有斗志的人生，将会是一片黑暗。如果你不想如此，就要及时觉醒，不管遇到什么苦难或坎坷，不要一味地消沉，要充分激发自身斗志。斗志不是说要有多大的理想，也不是说要拼命去实现自身价值，其实真正的斗志就是一种积极向上的精神，是用潜能创造更好的自己。

成功的人都有充沛的激情、高昂的斗志，平庸的人则常在生活中庸庸碌碌消极度日。当然，斗志不会自己产生，而需要我们找到内在的驱动力，这就是潜能。

大学生活一度是田渺的梦想，天真纯洁的美好、诗情画意的青春，她渴望在这里遇到一个更好的自己。然而进入大学，没有了来自师长和家长的压力，没有了你追我赶的学习氛围，田渺对自己的要求渐渐放松，学习的时间越来越少，玩乐的时间越来越多，人也变得萎靡不振。结果在期末考试中，自小到大都是优秀生的她居然挂科了，这令她震惊之余不禁反思。

"大学四年难道就这样虚无度日？不！我要好好经历，好好体会，去学习，去成长，为自己的人生负责。"田渺如此告诫自己。在接下来的日子里，她及时调整心态，尽快转变角色，上课认真听讲，下课好好复习，课余时间不再逛街、睡觉等，而是选择在图书馆认真看书，还积极参与多个社团活动……田渺每一天都斗志满满，结果她的每一门功课都成绩优秀，还考取了普通话证、英语六级证、会计证，更有了独立的想法和思维方式。当别的同学都在忙着四处寻找实习单位时，田渺则因优异的个人能力被当地一家大企业正式聘用。

人的斗志，永远都不能丢！它是来自人内心的强大力量。

在《少有人走的路》中，斯科特·派克写道："我们凭借足够的耐心，付出充分的努力，沿着心智成熟之路前进，点滴认知和经验，就会慢慢汇集起来。渐渐地，人生之路将会清晰出现在眼前。在此过程中，我们可能一不小心进入死胡同，也可能不时经受失望的打击，或遭到错误信息的干扰。但在自我纠正和自我调节的过程中，我们终将了解人生的真谛，清楚我们在说什么、想什么、做什么。"

现在，找一个安静的地方，给自己几分钟，让迷茫的心静下来，想想你的人生愿望，不断唤醒自己沉睡的斗志，努力往前冲。相信，那个懒惰的你、迷茫的你会最终和这个勤奋的你、勇敢的你握手言和。歌德说"人生在于不断地奔驰"，保持激昂的斗志，生命才能不断释放光彩。

说"我不行"的你一直站在失败的一边

你不是明星、不是大腕、不是成功者，你一直以来似乎都很普通，但请相信每个人都有能力和机会光彩照人。听到这里，你的本能可能会马上回答："怎么可能，我不行。我的学历太低了，我的能力也不高，我做不到……"请注意，"我不行"是你对自己的宣判，事实证明你常常是正确的。

在某一学校里，不少学生的数学成绩不理想。针对这一现象，一位心理学家做了这样一个实验：他把数学成绩不好的学生集中起来，邀请了一位著名的数学家来授课，心理学家在旁边观察学生的学习状况。半年后，实验结果显示大部分学生的数学成绩仍不理想。这位数学家的授课质量很高，为什么这些学生学不好呢？在这半年的跟踪调查和个别访谈中，心理学家吃惊地发现，这些学生学不好数学的最大原因是他们头脑中的错误观念："我没有数学天赋"、"我无法学好数学"。当他们这么想时，根本无法用心学习数学，更别谈提高成绩了。

后来，心理学家给这些学生上了几堂心理课。他在催眠状态下给学生们进行了一番心理暗示——"这个世界没有哪个学科是难的，你完全可以学好数学"，这样的训练每天进行两个小时。经过一个月的训练，这些学生渐渐除掉了以前头脑中的错误观念。年底进行数学测试时，结果出人意料——没有一位同学的数学成绩低于90分。

虽然从理论上讲，人的潜能是无限的，可如果你在过去十几年的时间里已经形成了错误观念，从语言和思维上不断进行着自我设限和暗示，那么你会因此永远站在失败的一边：你认为自己是女生，数理化就学不好，你就真的学不好；你认为自己表达能力差，做不了销售，你就真的做不了……

觉醒吧，摆脱困境只能依靠你自己！从"我不行"到"我可以"，其实只需一点改变，你的人生就此大不相同。

约翰·库缇斯是一个残疾人，出生时他的身体只有可乐罐那么大，而且脊椎下部没有发育，医生断言他不可能活过24小时，建议他的父母准备后事，但是约翰却坚强地活了1周、1个月、1年、10年……17岁时，约翰做了腿部切除手术，成了靠双手行走的"半"个人。他的人生充满了痛苦和耻辱，上学时许多小朋友都骂他是"怪物"，更有一些同学恶作剧地在他课桌周围撒满图钉。中学毕业，他进入社会开始找工作，却因残疾被无数次拒绝。

几乎在所有人看来，约翰是什么都做不了的可怜人，但他自己却不这么想。他坚持不坐轮椅，坚持用"手"走。他每移动一步都感到钻心的疼痛，手经常被扎得鲜血直流，但他一直相信自己能学会走。后来为了能够走远路，他凭借惊人的毅力学会了溜冰板、考取了驾照，他还坚持体育锻炼……由于上肢的长期锻炼，他的手臂爆发出惊人的力量，取得一系列让正常人都觉得不可思议的成就：1994年，他夺得澳大利亚残疾网球冠军；2000年，他拿到全国举重比赛第二名……后来，他应邀到一百多个国家进行演讲，成了享誉世界的激励大师。

约翰天生严重残疾，但他战胜了死亡；从小受尽歧视和折磨，但他依然笑对人生；只能依靠双手行走，但他却成为运动健将。为什么约翰·库缇斯能将诸多的"不行"变为"行"，为什么他能取得令人难以置信的成就？对此，约翰·库缇斯给出解释，"这个世界充满了伤痛和苦难。有人在烦恼，有人在哭泣。面对命运，任何苦难都必须勇敢面对，如果赢了，就赢了；如果输了，就输了。一切皆有可能，所以永远不要对自己说'我不行'。"

一个人能否获得成就，一切取决于自己。那些做成的事，通常都是你认为自己能够做好的。你认为不可能做成的事，也真的从未发生——这就是潜能的力量。

关于潜能的威力，其实也无神秘可言，它起作用的过程是这样的："我能行"的态度产生了能力、技巧与精力这些必备条件。即每当你相信"我能行"时，自然就会想尽方法去完成，从而使精神全力集中、能力充分发挥，进而激发出更多的能力，最终达成目标，获得成功。

讲到这里已经非常明朗了，世界上没有一件事是"可能"的，也没有一件事是"不可能"的，但"我能行"的积极态度往往会将"不可能"变成"可能"。所以，面对种种问题、挑战及困难，不妨在心里多念几遍"我能行"，将这一信念运用到生活和工作中，你必将加入成功者的阵营！

成功的主要障碍，取决于我们的心态

要想成功，首先应该认识你的"隐形护身符"。我们每个人都带着"隐形护身符"，一面是积极心态，另一面是消极心态，它在很大程度上决定了我们人生的成败。

英国一位心理学家曾做了这样一个实验：

在三种不同的情况下，他让三个人用全力握住测力计。实践证明：在清醒状况下，他们的平均抓力只有100磅。当他们被催眠后，抓力就变成了29磅——这是正常体力的三分之一。第三次测试时，心理学家告诉他们已经给予了他们能量，结果他们的平均抓力居然都达到了140磅。通过这个实验，该心理学家得出结论：当人们心中充满积极有力的思想时，就会发挥极大能量。

任何成功者都不是天生注定的，而是源自他们积极乐观的心态。因为积极，他们内心充满了力量。因为乐观，他们不相信命运，更相信自身潜能，有勇气应对成功路上的种种困难。相反，如果一个人总抱有消极心态，不去开发自身潜能，只会叹息命运捉弄，只会越来越无能！

一家服装厂因经济效益不好决定裁员，萍姐和薛姐都不幸在被裁名单上，被通知一个月之后离职。两个人在公司待了十多年，被裁的理由有两个：一是学历比较低，二是年纪较大。萍姐接受不了这样的变故，觉得中年被裁很丢人，她愤怒过、骂过，也吵过，但都无济于事。之后的一个月，她对谁都没有好脸色，还把怒气和怨气撒在工作上，对工作敷衍了事。

有着相同遭遇的薛姐也很难过，但她的心态却截然不同："天有不测风云，现在我年纪大了，没工作了正好可以好好休息一段时间，只有一个月时间了好好珍惜吧。如果我干得好的话，或许还有转机。"于是，她重新建立了自信和拼搏的勇气，更加认真负责地对待工作，而且逢人就心平气和地道别，大家反而比以前更喜欢她了。

一个月很快到了，萍姐的工作很糟糕，如期离职。薛姐却被老板留了下来，还被提拔为主管。很多人对此不解，老板给出了解释："薛姐的心态如此积极，始终对工作认真负责。她不断进步，证明了自己的价值，也让我看到了她的无限能量，这样的员工正是公司需要的，我怎么舍得她离开？"

人的命运并非不可逆转，强大的内心能产生正面的意念，正面的意念能带来足以掌控命运的力量。潜力永远是正向的，由人的内心创造。"运"随"念"转，因此我们应该相信，每个人都可以凭借积极心态改变自身命运。

到目前为止，在美国整个职业篮球联盟中，博格斯是最矮的一名运动员。之前许多人都不看好博格斯，因为NBA球员身高是第一位的，博格斯很矮小，甚至和普通人相比，他都是个"二等残疾人"。但事实证明，这并不妨碍博格斯在巨人如林的篮球场上竞技，并且跻身NBA球星之列。是什么让博格斯征服了自身命运呢？这一切归功于博格斯乐观的心态。

博格斯自幼就喜爱篮球，可因长得矮小，小伙伴们都瞧不起他，不和他玩，但妈妈却经常鼓励他："博格斯，你以后一定会长得很高很高，会成为人人都知道的大球星。""既然自己还能够长高，那就不用担心什么。"，博格斯对自己的未来充满了希望，开始苦练篮球技术。在博格斯看来，当把球技练好时，自己也就长高了，就能进入美国职业篮球联赛。可后来博格斯发现，自己并不高，而且已经不可能再长高。但这时，身高对他来说已经不重要，他的球技非常好，而且凭借个子矮重心低的优势，他总能飞速地运球过人，出奇制胜。不久他就被球探看重进了NBA，之后缔造了一个个辉煌。

个子矮没能让博格斯沮丧，他相信自己能长高，积极苦练篮球技术，这种乐观心态激发了体内的潜能，为事业发展增加强劲的动力，所以他最终成功了。假如博格斯早早断定自己再也不能长高，那么他可能不会选择篮球，永远埋没自己的篮球天赋而成为一个普通人。哪一种方式更好，不言而喻。

积极还是消极？成功还是失败？现在，你会如何选择？

没有挑战自己的勇气，就只能原地踏步

一个农民在山里发现一个鹰巢，并从鹰巢捡回来一颗鹰蛋，带回家并放进鸡笼，让一只母鸡孵化。小鹰和其他小鸡一起长大，一直吃着鸡饲料，它很满足，过着和鸡一样的生活。直到有一天，小鹰看到一只老鹰翱翔在天空，它突然感到自己的双翼生出一股飞翔的欲望。一种想法突然出现了：这里不是我待的地方，我要飞上青天。它从未飞过，但因有潜藏的鹰的天性和力量，它展开双翅一下子就飞到一座矮墙上，接着它又冲上了辽阔的天空。

听到这则寓言，不少人也许会说，这不过是一个很好的故事罢了，我既非鸡，也非鹰，我只是一个平凡人，从未期望不凡的成就。或许这正是问题的所在——你把自己定在一个既定的范围内，不愿挑战和超越当前的自己，这是对自我潜能的画地为牢，只会束缚你的意识和能力，使无限的潜能化为有限的成就，始终无法前进。

一个人如何唤醒自身的潜能？一个重要方法就是不断挑战自己，对自己提出超出一般人的期许。此时，你的内心会充满灿烂的光明，进而激发自身潜能，将阻挡你的所有障碍击碎，进而展现出一个全新的自己，塑造一个更好的自己，使自己变得更强大。

一天，一位年轻人来到美国通用汽车公司应聘。这是一个仅有24岁的年轻人，面试官很直接地回复他，"目前我们公司只有一个空缺的职位，这个职位太重要

了，竞争也很激烈，你是新手很难应付，所以不好意思……"但是，年轻人很坚定地回答："不管工作多么复杂或棘手，我都可以胜任。说实话，我将来要成为通用汽车公司的董事长的。不信的话，您就等着看吧……"

"什么？你想当通用汽车公司董事长？"面试官觉得不可思议，心想，"这个年轻人太自不量力了吧？我在这家公司待了好几年了，也不曾有过这么大胆的设想"，但看着年轻人自信的笑容，他决定给他一个试用机会。如果他真的很有能力，那么就正式聘用；如果他只是吹牛的话，就当给他一个教训。

年轻人踏进通用公司大门后，就以董事长的作风来要求自己，例如他总是每天第一个到公司，最后一个离开公司，工作上比别人都积极努力，不怕苦，不怕累，而且他的确表现出了不可思议的能力，领导交给他一项任务：对国外子公司情况进行评估，他提供的报告长达100多页，条理清楚、资料翔实，比他的上司做得都好。接下来他被正式聘用了，他觉得自己离董事长的位置更近了，更加卖力地工作。32年之后，这个名叫罗杰·史密斯的年轻人真成了通用公司的董事长。

一个刚刚来面试的年轻人，竟然宣扬要做公司的董事长，这怎么可能？在很多人看来，罗杰·史密斯年轻时说得那一番话简直就是痴人说梦，真是不知天高地厚。可事实上呢？罗杰·史密斯做到了。因为他从内心深处不甘平庸，他敢于挑战和突破自己，这正是个人成功的前提和保障。

在竞争日益激烈的今天，"逆水行舟，不进则退"。如果你总在不断解决同一个问题，你不会再进步。同样的，如果你不再挑战你的人生，你便不会再增长能力和经验。

挑战就是机会，突破就是成长。一个真正觉醒的人绝不会满足现状、画地为牢，他会不断地挑战自己，勇于尝试想做的事，然后通过自身的努力，通过激发内在的潜能，让自己的力量强大、强大，再强大，向外延伸、延伸，再延伸，从而拓展生活的新天地，进入成功的新领域。

现在，请重新审视自己，当面对生活中的一次次挑战时，你是畏畏缩缩，不敢前行，还是勇往直前，义无反顾？切记，一个人从平庸走向卓越，不在于受到多少好运的眷顾，而是一个不断挑战自我、激发潜能的过程。

不逼自己一下，你永远都不知道自己有多优秀

物竞天择，适者生存。你害怕竞争吗？可以说，没人不害怕竞争！这是人趋利避害的本能反应。当大大小小的竞争摆在面前时，大多数人内心都会不舒服，甚至会对竞争对手产生怨恨、仇视等心理。

这实在是一种愚昧，一个人如果不参与竞争，没有竞争对手，自己又不自律，缺乏上进心，那就会流于平庸，养成惰性，最终庸碌无为。而竞争的意义就在于，我们正处在一个快速发展、不断变化的时代，只有和别人不停地赛跑，不停地激发自身潜能，我们才可能日益优秀。

欣茹是一位美丽而坚强的女性，也是一个身价过亿的女强人。她之所以能够取得如此显著的成就，与她的个性密不可分，任何具有竞争性和挑战性的工作她都喜欢。她先后涉足过广告、汽车、药业、能源等许多行业。行业内人才辈出，欣茹时常需要和竞争对手们抢客户、抢订单，有时节假日都不休息。很多人说女孩没必要争强好胜，但欣茹却说这样的生活很有意义，每战胜一个对手自己就前进一步，自己的步步成长也正得益于对手的激励和步步紧逼。

后来，欣茹投身到正处于蓬勃发展前期的房地产行业，当公司定出每年合理的销售任务目标后，欣茹并不只是按照公司定的销售任务来要求自己，而会暗自将目标再提高一些，其任务总量要远远大于公司所规定的任务目标。例如，公司规定每位销售员的季度业绩需达到100万元，欣茹就把自己的季度业绩目标定位120万

元。别人问及其原因时，欣茹给出的回答是："每个同事都在努力争取100万元的业绩，如果我做到了，那也只是刚刚及格了罢了。要想比别人优秀，就要比别人多做出一些业绩才行。"当欣茹一直向着心目中制定的销售目标冲刺时，因为更有挑战性，她就会比别的同事更努力，付出得更多。一分耕耘一分收获，如此欣茹总能使自己的业绩超额完成，屡屡创造辉煌的业绩，最终使自己由业务员升到了主管，又由副总裁升到了总裁。

面对竞争，最好的做法就是敢于迎接挑战、积极备战。欣茹不仅是这样做的，她还主动创造了竞争，并凭着这种爱拼、敢拼的精神，更好地实现了人生价值。由此可见，对于一个已经觉醒并希望有所作为的人来说，生活需要竞争，人生需要对手，这是激发个人潜能的一种重要方法，是赢得成功的关键所在。

换言之，竞争是一种正向的行为，它可以提高你的各方面素质，让你由懈怠变得勤勉，由消极变得积极，由无序走向有序，由被动变为主动，你会时刻促使自己不松懈，时刻饱有无穷的动力，变得越来越强。

需要注意的是，竞争因涉及切实的现实利益，竞争对手之间常存各种冲突，甚至互相看不顺眼。但不论面对什么样的竞争，怎样的对手，竞争手段必须有底线，你可以奇谋迭出，但不要失去个性中的正直，更不能使用令人不齿的手段，这是一个出色竞争者的本分。说到底，人与人之间有一种竞合关系，互相竞争，互相进步，取得双赢，这是最理想的。

费德勒和纳达尔"一生为敌"，两人在网球场上多次厮杀，拼得十分火热。2017年1月29日，澳大利亚网球公开赛展开男双决赛的争夺，纳达尔和费德勒上演了历史上第35次对决，最终费德勒在决胜盘2∶4落后的情况下完成了惊天逆转，一举拿下了职业生涯的第18个大满贯冠军，收获自己第5个澳网冠军。

赛后，有记者邀请费德勒发表赛后感言时，费德勒说："我的职业生涯中遇到过不少伟大的对手，但纳达尔的地位绝对非常特殊。我曾公开说过，他让我变得更好，他的球技水平非常高，而且一直还在努力提高中，这让我充满危机感，丝毫不敢放松，与他的对决是我所面临的终极挑战。"

费德勒和纳达尔奋力厮杀多年，却从不吝啬对彼此的欣赏。当纳达尔网球学校开张时，费德勒现身活动现场，为众人完美诠释了"最佳对手——最好朋友"。

竞争对手是你的标杆，是你潜能的催化剂。

一个人想要成功，就要寻找一个竞争对手，并取长补短。看看那个总超过你的对手是怎么做的，就知道自己差在哪里；你只要将他的优点照葫芦画瓢地学过来，就能前进一大步；你只要不断为自己找到这样的对手，不断以他为参照就能一直进步，并把其他人甩到身后，这是很多人成功的秘诀，屡试不爽。

也许，你在竞争中感觉很疲惫，甚至忍受着孤独、寂寞，甚至承受着身心的压力……但这种痛苦带来的潜能会更有爆发力，实际上正是提高和完善自己的过程，会让你在竞争中逐渐占据优势地位。加油！

第五章

其实你才华无限，
只是它一直在假寐

才华，常被懒惰所埋没；潜能，会被勤奋所激发。那些所谓的好运，背后往往都夹杂着汗水、泪水和坚持。越努力，越幸运。重要的是，你是否已经觉醒，是否做好了准备。一点一滴地努力吧，努力到感动自己，奋斗到永不止息，好运自然会来。

想活得更好，就要比别人跑得更快

当有人终于攻克某一产品的技术难关，还来不及庆功时，却发现竞争对手已抢先申请了技术专利；当有人做好某产品入市的准备工作后，还没来得及外推，却发现市场上已有同类产品，且一上市就受到追捧；当有人准备把"绣球"抛向某技术权威，欲聘请对方为公司顾问，增加公司的知名度时，该"权威"已于一天前接受了竞争对手的邀请……

这样令人生憾的事情几乎每天都在发生，原因很简单——速度决定一切，谁快谁才能赢。当今社会节奏飞快、竞争激烈，速度往往是决胜点，我们只有更快地行动，才可能在最短时间内实现最多目标。如果总是比别人慢一拍，不幸落到人后，那么将陷入一种被动地位，只能眼巴巴羡慕他人成功。

所以，一个人想活得更好，就要比别人跑得快。

阿文和阿山是大学同学，他们同时毕业，进入同一家公司，不同的是阿山一直原地踏步，工作一年后仍然是一个新人；而阿文进步飞快，不断成长，他的绩效比阿山要好很多，在领导那里更受重视和重用。究其原因，"这一方面和我的急性子有关系，另一方面在于我比阿山更了解速度的意义，"阿文轻轻笑着我，"比如，有一次主任让我们做市场拓展的方案，我刚接到任务就着手准备，连续三天熬夜加班，以最快的速度做完了方案。而阿山却是一个比较懒散的人，一直在磨磨蹭蹭，比我晚了整整两天才提交上去，就这样我获得了时间上的优势，最终领导采用了我的方案。"

"抢先一分钟，胜练十年功"，阿文经常如此提醒自己，做事情时他往往会争取比别人抢先，哪怕抢先一分钟。例如，和客户洽谈工作时，他总是抢先一分钟到达。给客户递送资料时，他总会争取比竞争对手抢先赶到。凭借这个最浅显的道理，阿文做事时总能比他人率先完成，而且往往比别人做得更出色，打败了诸多竞争对手。

竞赛以"快"取胜，搏击以"快"打慢，商战"快鱼吃慢鱼"……这是个不进则退的时代，做什么事都要讲求速度。快就是机会，快就是效率。一个已经觉醒的人，凡事会快速行动，绝不拖延，绝不怠慢，争取抢在所有人前面，牢牢掌握主动权，这样的人没理由不出类拔萃，没理由不成功。

"永远比他人领先一步。"这是富士康集团CEO郭台铭经常对员工讲的一句话，而且他自己正是这句话身体力行的实践者。在业界，郭台铭是一个最善于抢占先机的人。他不像某些企业的管理者那样喜欢坐在办公室里，把所有事情计划周密后再发号施令，只要是认准了的事，他就会抢在别人前面第一时间去做。

比如，一次海外某公司的采购员准备到台湾地区采购一大批计算机方面的产品。为了争取到这个大客户，一家公司的主管亲自带队，一家公司的董事长亲自出马，在机场等待这位采购要员一下飞机就将其接往自家公司。出乎意料的是，当那位采购要员出现在大家视野中时，他的身边竟然站着郭台铭，两个人谈笑风生。原来郭台铭早就掌握了对方的行踪，并抢在客户转机来台时"巧遇"他，并和他搭上同一航班抵台。最重要的是，期间他们已经达成了合作意向。郭台铭凭借仅仅比别人领先一步，就为公司争取到了一大笔订单。

一步落后，步步落后；一招领先，招招领先。

切记，你喜欢的任何东西从不会等你，它只会奖励比你先到的人。

早起的人是被梦想而唤醒

想要获得成功人生，你恐怕不得不早起。

一家公司提倡人性化的出勤制度，推销员的出勤时间随意，出勤延迟，相应地下班也延迟，只要保证每天工作6小时即可。公司这样做是有意提升推销员的热情，但事实证明公司的业绩一直很悲惨。重视"推销员出勤过晚"这一事态的经理乾坤一掷，推行了相应的对策——所有推销员早上八点半之前必须到公司，迟到一分钟罚款50元。而且规定个人指纹打卡，推销员的具体出勤时间，一查指纹录入，一目了然。

这样做带来了什么结果？很快事实向众人证明，长期迟到的推销员开始陆续提早出勤，业绩随之提升。原因是什么？推销工作竞争十分激烈，讲究先下手为强，早晨能拜访多少客户、能做多少商品推介、能多大程度地动起来，这是决定业绩的关键。谁能比别人提前出动，谁就能独占鳌头。

俗话说"一天之计在于晨"，早起已被证实有诸多好处，早起精力旺盛，注意力集中，而且头脑更清晰、更灵活，能够快速投入工作和学习，效率更高；长期坚持早起的人，可以提前对一天进行有效规划，原来没时间完成的事，可以利用早起时间及时完成……

放眼国内外，成功者的一天都是从早晨开始的。

苹果公司首席执行官蒂姆·库克每天早上四点半就开始发送邮件，然后去健身房锻炼一段时间再正式开始工作。在一次接受采访时，库克曾表示自己每天都是公司第一个到办公室的人，他为此感到十分自豪。库克早起的习惯来自他的前上司——乔布斯。乔布斯每天凌晨四点起床，九点半前他就已经把一天工作完成了。

帕德马锡·沃里奥是思科前首席技术和战略官，如今科技界内最具声望的女性高管之一。在就任思科首席技术官时，她每天四点半起床，然后花一小时时间阅读公司邮件，接着查看新闻、锻炼、做早餐，并照顾好儿子。而且，所有这些事情都会在八点半之前完成。

台湾地区被誉为"经营之神"的王永庆，每天凌晨三点准时起来做毛巾操、看公文、思考决策等，他表示：这段时间很安静、无人打扰，自己能同时处理多项事情，然后八点准时上班。

在美国有一个著名的"五点钟俱乐部"，呼吁人们每天坚持早晨五点起床，然后做一些力所能及和有意义的事，如读书、运动、写作、沉思、计划。赫尔·塔尔梅奇是美国赫赫有名的前参议员，他就是"五点钟俱乐部"的一位成员，每当有人和他约定采访时间时，他都会说早上五点就可以，"我每天早上五点起床，这个习惯始于在法学院念书时。那时我热爱读书，是早上第一个到图书馆的学生，所以每次都能借到自己想阅读的书，这用中国人的话说就是'早起的鸟儿有虫吃'。要赶在太阳升起前爬起来需要相当的毅力，但利用这段时间提前做好事情，就比别人更强。"

……

世界属于早起的人，如果闹钟响了你还不想起床，那就想想你今天需要完成的事情，不做又会错失多少机会。机会都是需要抢的，有时晚一分钟，你就失去了资格。想到这里，你是不是马上就能清醒了？这正如一句话所说——"每天叫醒我们的不应该是闹铃，而是梦想。"

就算是智商很低的人，也会有自己的天赋

英国散文家托马斯·卡莱尔说："世界上最不幸的人要数那些说不清自己究竟想做什么的人，他们在这个世界上找不到适合他们干的事，简直无处容身。"

你是否曾为自身的平凡无奇而烦恼，为找不到更好的出路而纠结，其实这一切在于你尚未发现自身天赋所在。要想改变不理想的现状，你就得去发现你的天赋！

一提到天赋，不少人会觉得天赋只是天才才拥有的，其实不然，就算是智商很低的人，也拥有自身天赋。因为很多时候天赋只是一些很不起眼儿的东西，比如它可能是你在某个领域的领悟能力比别人稍强，声音比别人好听些，力量比别人强大些，或者反应能力更快捷。

这是不是意味着每个人都能依靠自身天赋找到成功捷径？当然不是。天赋虽然有助于我们自身价值的实现，但寄希望少努力甚至不努力就获得成功，这是一种很懒惰的想法。因为在天赋与努力的重要性上，它们是5∶5的比重。

特雷西·麦克格雷迪被无数中国篮球球迷所熟知，他是两次NBA得分王，7次入选全明星，还拥有那次感动上帝的35秒13分奇迹。但在小时候，麦迪却是众人眼中失败的学生，他不喜欢学习，学习成绩也不好，所以经常挨老师和家长批评，甚至被同学嘲笑智商低，他为此神伤不已，直到后来他接触了篮球。在此期间，麦迪发现自身的运动天赋，他有着惊人的弹跳力，具有爆发力的速度，于是他开始了篮球训练，上中学时他还经常逃课去练球。在高中三年级时，麦迪场均就可以得到23

分和12个篮板，被《今日美国》评为"年度最佳高中球员"，期间他还以高中生球员的身份直接参加了NBA选秀，并成功入选。

显而易见，麦迪拥有篮球运动员的天赋不假，但他成功的关键是个人辛勤的努力。进入NBA后，当大多数人还在睡梦中时，麦迪就已经出现在训练房中，运球、转身、投篮……他经常练得浑身是汗，像刚从水里爬出来一样。这让他的技术得以不断进步，各方面能力更是得到充分锻炼。除了在训练房外，只要猛龙队不在打客场，麦迪就在公寓里，缩在沙发上研究Showtime时期的魔术师——约翰逊是如何组织湖人队进攻的。渐渐地，技术动作、比赛策略于他来说都驾轻就熟。

天赋不是上天直接赋予你的成品，它只是一个半成品。老天给了你一块钻石，但只有经过你的雕琢与打磨，才能绽放耀眼的光芒。更直白一点说，发现天赋是一种际遇，也是一种能力。但要把天赋转成一项突出的能力，一定需要长期坚持不懈的刻苦练习，这是一个循序渐进、逐步培养的过程。

觉醒吧，尽早去发现自己的天赋，清楚自己适合做什么，并据此集中自己的注意力，投入时间、精力以及努力，如会唱歌的把嗓子练好，唱出特色；会跳舞的把舞跳好，跳出精彩；会说话的把口才练好，说出成果……如果人人都能做到这点，那么天才将成批涌现，就不会有所谓的失意者。

如果你先飞，没有人知道你曾是笨鸟

人的智商有高低区别，所以人会有聪明和愚笨之分。倘若认识到自己不是聪明人，应感到庆幸：既然没别人优秀，那就比别人努力，最终勤能补拙。最可怕的是什么？既没有别人聪明，又没有别人努力，还将一切不幸归于自身愚笨，甚至破罐子破摔。

切记，笨不是借口，笨能被改变。

"笨鸟先飞"的故事相信大家都听过，所谓笨鸟先飞就是当你不熟悉某个行业或者某项技能时，当你意识到自身存在种种不足时，就要比别人更早地开始努力，不断去努力，不断去奋斗，不断去进步，从而缩小与别人的差距，甚至赶超别人。

立明自幼就不是聪明人，从小学到初中，再到高中，他的成绩在班里总处于中等，那时候老师讲一遍的例题很多人都一目了然，他却还处于云里雾里的状态，看起来要比别的同学更笨拙些，为此他经常被同学嘲笑。他曾经自卑、内向，扑到父亲怀里哭诉："别人都说我笨，我真的很笨吗？"父亲听了他的话说："孩子，你并不笨。笨鸟先飞，只要你自己发愤努力，就一定能学好。"之后，立明给自己定了规矩，天天认真学，课课用心听，别人读一遍的课本，他就读两遍、三遍，甚至十遍，他还把别人玩耍的时间都花在了学习上。年年如此，从不间断。就这样，立明通过不懈的努力考上了一所重点大学，成了别人眼里"开挂"的人，人人都羡慕他。

立明性格内向，不善言谈，但在就业时，他选择了一个极具挑战性的工作——销售。按理说他不适合这个行业，沟通匮乏是销售行业的短板，而且起初他的确什么都不懂，但他相信只要自己努力就能改变。他买来十几本销售类图书，认真学习那些成功人士的方法。他做事从不偷懒，虚心请教业绩好的同事，刻苦钻研沟通的方法、拜访的技巧，努力把工作内容吃透学精。慢慢地，他的销售能力逐渐提高，一年后，他的业绩在单位每月都能排第一。

任何领域最厉害的人，都不是最聪明的人，不是条件最好的人，而是最先行动的人，最先努力的人。世界从不会对笨人恶言相向，更不会让坚持的人万念俱灰。任何能力都可以通过练习得到提升，练习的时间多了就会有进步，世界万物都是如此。

所以，当你不被他人看好，当你暂时落后他人时，不要抱怨，不要失望，只要你明白努力的意义，比其他人更早、更积极地行动，你早晚会拥有一飞冲天的那一刻，到时没人会在意你曾是一只"笨鸟"。

理想的前途，在于从当下的一点一滴做起

生活中一步登天的情况并非绝无仅有，却也是凤毛麟角。用当代的话说：那是小概率事件，是少数人才能拥有的幸运。但如今有不少所谓"志存高远"的人，冀望一步登天，一旦不得志，就感慨人生的不公平，感叹自己大材小用，从此不思进取和沉沦，导致自身举步维艰。

燕振是某名牌大学新闻系的高才生，他思维敏捷，才华出众，又很自信，毕业后顺利进入一家省级报社实习。燕振一直想当一名针砭时弊、实事求是的记者，可一开始领导只分配他做校对文稿的工作。校对文稿是一项最基本的工作，整天需要待在办公室，又非常需要认真和耐心，这让一心想干一番大事业的燕振深感壮志难酬，他终日提不起精神，对工作敷衍了事，结果经他校对的文稿错漏百出。领导原本认可燕振的才学，之所以让他先校对文稿，是有意锻炼他的耐心与毅力。现在见燕振连文稿都校对不好，领导在失望之下便辞退了燕振。

凡事总想一蹴而就，不但违反自然规律，而且寸步难行。

那么，我们该怎么办？正确的方法是活在当下，脚踏实地。一点一滴，从平凡做起。绝大多数成功人士之所以出类拔萃，并不是因为一开始就居于高位，也不是他们有一步登天的本领，而是他们始终用心去好好做事，踏踏实实地走好脚下的每一步。每走一步就是在缩短与成功的距离，只要坚持下去，心中的理想终将成

为现实。

    杜绛从遥远的东北小县城来到上海打拼，早些年住的是民房，吃的是廉价菜，还时不时受到一些本地人的鄙视。杜绛一心想改变现在的生活状况，但他也深知自己是"三无人员"，无文化、无能力、无人脉，只能从底层做起。于是，杜绛在一家建筑工地做起了小工，搬砖头、筛沙子、和水泥。虽然工作辛苦，但他却做得很卖力，而且是工地上最活跃的一个，时常询问工程监理们工程流水线、施工管理等事项。在此期间，他利用业余时间不断学习，考取了二级建造师证书，成为工友中第一个"有证人员"。

    当监理们手上有工程项目时，都乐于分一些给勤奋好学的杜绛。仅一年，杜绛就升为了组长，带领着几十个比他年长的农民工。他每天与工人一起干活，既当施工队队长，又当技术员，还当技工。中午工友们休息了，他则骑着单车到市场上去买材料，看得多了，问得多了，抓起一把灰沙，他就知道沙子是哪里运来的，水泥是哪个厂子生产的。晚上，他又骑单车到附近的一所高校上夜校，学习关于创业的知识，准备投资创业。

    这样过了三年，杜绛离开了所在的建筑公司，创立了自己的建筑公司。凭借着高超的能力和丰富的经验，他接手的工程完成得又快又好，工程越来越多，施工队规模也越来越大。其间，他利用空闲时间攻读MBA，学习公司管理，将小公司发展成了上市公司，享有股权。惹得众人一片艳羡。

    即使爬到最高的山上，一次也只能脚踏实地地迈一步。杜绛的每一步都走得很明确，他的成功，也正是他一步步踏踏实实走出来的。

    你的未来在哪里？就在当下的每一步。

    当我们总是盯着理想却不知如何做时，不必焦虑、抱怨，或者自卑自弃。不妨看看自己的脚下，以立足的地方为起点，着手去做，努力做好身边比较清晰的、显而易见的事。踏踏实实走好脚下的每一步，并且持之以恒走下去，往往就能在不动声色中走出一片辉煌天地。

靠天才做不到的事情，靠勤奋就能做到

世界上能登上金字塔尖的生物是什么？只有两种：一种是鹰，另一种是蜗牛。

为什么鹰可以登上金字塔尖？因为它天资奇佳，搏击长空。

为什么蜗牛可以登上金字塔尖？它虽然资质平庸，但足够勤奋。

一个人所获成就的大小，固然与环境、机遇、天赋、学识等外部因素相关，但更重要的是自身的勤奋与努力。这其实很好理解，任何成功和辛勤的劳动都是成正比的，一分耕耘一分收获，付出多少相应的就有多少回报。那些成功者之所以成功，就是因为他们多干活、多流汗、多出力、多费心。

孔敏小时候的梦想是当一名作家，虽然她后来选择在某高校任教，但这些年在工作之余她已经陆陆续续出了几本书，而且小有名气。身边人在言谈之余免不了会说孔敏运气好、有天赋之类的话。但孔敏自己知道，所谓运气的背后是自己多少个日日夜夜的勤奋执笔。

由于喜欢文字，孔敏从初中时就坚持一件事——写作，开始是在日记本上写，上大学后开始接触网络，便在空间、博客上写，但那时的文笔太稚嫩，思想也比较单纯，哪家出版社会签约一个刚毕业的学生呢？出书的计划迟迟不能落实。不过，幸好当时的孔敏明白，做任何事情必须付出辛勤的劳动并付出努力。等着天上掉馅饼，企图不劳而获，那只是痴心妄想。

之后的五年里，孔敏只要有时间就读书，她把国内外的名著通读了一遍，而且

还记录和摘抄下比较有价值的话语。在生活中只要有新体会，她就会立即写下所感所想，并且坚持每天写一篇文章。那段时间，她从未在凌晨两点之前睡过觉，她几乎日日更新文章，每篇都三千多字。渐渐地，孔敏的逻辑思维、表达能力等都有了显著提高，因为涉猎了方方面面的丰富知识，写作也变得顺畅，最终得以成功出书。

勤奋使愚笨变得聪明，使平凡变得伟大。相反，一个人即使很有天分，如果不勤奋，不能脚踏实地地做事，也终变为碌碌无为之人。例如，北宋的方仲永天资聪慧，5岁能作诗，被乡里称为"奇才"，他父亲感到从中有利可图就让他放弃了学习，整天带着他到处吃喝玩乐，结果方仲永诗才枯竭，终于"泯然众人矣"。

懒惰是导致个人平庸的重要原因，"业精于勤，荒于嬉"。想想你有没有懒惰的时候：清晨，本计划出去慢跑锻炼身体，但是你却犯懒，选择躲在被窝里睡觉；工作中，你本该兢兢业业完成一天的工作，但你却选择玩游戏、聊天，在偷懒中度过……如果有，那么你就要小心了！

人难免会有一定的惰性，当下心里的旁白大多是："不过就是偷懒一下，应该没有什么关系吧？"当这样的想法入侵大脑时，请及时提醒自己——日本SONY的创始人盛田昭夫说过这样一句话："如果你每天落后别人半步，一年后就是183步，十年后就是十万八千里。"这个数字是不是很惊人？

请记住，勤奋的人从不给自己找借口喘息。外人眼中的天分，往往也是用更多时间的努力得来的。也许你和你的工作都很平凡，但只要你能自觉地勤奋——勤奋学习，勤奋探索，勤奋实践，数年如一日地付出心血和汗水，你就有机会向优秀迈进，欣赏到金字塔顶的美丽风景。

有规划的人生才叫蓝图

如果我们留心观察身边的人，就会发现有些人精神饱满，朝气蓬勃，意气风发，魅力四射；而有些人却整天忙忙碌碌、晕头转向，垂头丧气。这本是智力相近的一群人，为何生活会有天壤之别？透过现象看本质，那就是第一种人对人生有规划，而第二种人却没有。

我们不妨来先看这样一则小故事。

李·艾柯卡是美国家喻户晓的企业明星，他在商业的奋斗故事直到现在还被人们津津乐道。刚毕业的艾柯卡后进入福特公司实习，成为一名见习工程师。在他决定进入福特公司时，他给自己定下的目标是在35岁前当上福特公司副总裁。繁琐无味的工作很难实现自己梦想，艾柯卡决定转部门，从技术部门转到了销售部门。

艾柯卡聪明伶俐、谦虚好学，掌握了销售的技巧，促使他的销售业绩突飞猛进。没几年，他的职位节节高升，成为了费城的地区销售经理。这时，福特公司推出了新的56车型。艾柯卡大胆推出"56美元换56车型"的销售计划，即顾客买56型的新车，可以先付20%的预付款，以后每月分期付款56美元，3年付清。结果，新颖的销售方式使费城的居民争先恐后购买新车。致使56型新车供不应求。费城的高销量引起了总公司的注意，在领导知道艾柯卡的销售计划后决定在全国范围内都推广这个销售方案，一时之间，福特的年销车辆猛增7.5万辆。几个月后，艾柯卡升为福特总公司的销售部门经理。他卓越的才能在4年后直接升任福特公司副总裁兼总经理，这时的艾柯卡已经36岁了，他实现了他的梦想，只是比计划的奋斗目标晚了一年而已。如果当初他没有制定如此"远大的蓝图"，那么36岁的他可能只是一位普通的工程师。

通过这个故事我们不难理解，如果艾柯卡的人生没有规划，那么他永远无法当上福特公司的副总裁。无疑，这是一种很被动的生活状态，只会被外界所推着向前，即便再努力也依然碌碌无为，也走不出狭隘的天地，只能在迷茫、焦躁、苦闷中煎熬，永远没有出头之日。

你想改变这种状态吗？答案当然是"想"，那么如何做呢？制订人生规划。

人生规划是对即将开展的人生进行设想和安排，如提出任务、指标、完成时间和步骤方法等，它是行动的指南，是效率的保证。

交易界有句名言"Plan your trade，trade your plan"，计划你的交易，交易你的计划。人是有一定惰性的，仅靠人的自觉性来做事，很容易因懒散而导致行动滞后。而如果对人生进行规划，有一个量化的指标，按照计划的步骤、要求行动，做起事来才能有条理，结果可能更令人满意。

尹梦希望做一名出色的音乐家，但她没受过专业的音乐培训，对偌大的音乐界有些陌生，所以时常觉得未来迷茫，人生无望。

"唉，我甚至不知道自己下个星期该做什么？"尹梦向导师倾诉道。

"想象你五年后在做什么？"突然间老师冒出了一句话，"别急，你先仔细想想，完全想好，确定后再说出来。"

沉思了几分钟，尹梦回答道："五年后，我希望能有一张唱片在市场上，而这张唱片很受欢迎，可以得到许多人的肯定。"

"好，既然你确定了，我们就把这个目标倒算回来"，老师继续说道，"如果第五年你有一张唱片在市场上，那么你的第四年一定是要跟一家唱片公司签上合约，那么你的第三年一定是要有一个能够证明自己实力、说服唱片公司的完整作品，那么你的第二年一定要有很棒的作品开始录音了，那么你的第一年就一定要把你所有要准备录音的作品全部编好曲，那么你的第六个月就是筛选准备录音的作品，那么你的第一个月就是要把目前这几首曲子完工。那么，你的第一个礼拜就是要先列出一整张清单，排出哪些曲子需要修改哪些需要完工，对不对？"

听了老师的话，尹梦犹如醍醐灌顶，恍然如梦，高兴地说道："好了，我现在已经知道下个星期一要做什么了！"

没规划的人生是叫拼图，有规划的人生才叫蓝图。

尹梦的事例告诉我们，做好规划对于提升做事效率具有显著作用。的确，那些善于规划人生的人，每时每刻都知道需要做什么事，清楚自身行进速度和与目标之间的距离，完成的每一件事都在规划之中，以便不断监督自己、提醒自己、鞭策自己，如此有的放矢，自然水到渠成。

对此，美国作家阿兰·拉金在其著作《如何掌控你的时间与生活》一书中说："一个人如果做事缺乏计划，靠遇事现打主意过日子，他的生活就只有'混乱'二字，这也就等于计划着失败。相反，有些人每天早上预订好一天的事情，然后照此实行，他们就是生活的主人。"

一个人的成功不在于开始时的条件如何，更多地在于是否拥有清晰的规划，正如一句广告词里说的那样——"如果你知道自己想要什么，想做什么，想去哪里，那么全世界都会为你让路。"当你开始规划人生之后，你会发现，从前成就平平的你，现在却能取得意想不到的成绩。

因此，当陷入迷茫或困顿时，不必怀疑自身的能力，甚至以此为借口放弃努力，不妨给人生定一个规划。当然，这个规划不是凭空拍出来的，而需要多方面的考查，尤其要结合现实条件、个人能力、时间等。当你的规划越契合实际，你就越能稳步前行，直到产生好的结果。

这里提供一种好方法，即5W1H。

5W1H即5个W和1个H开头的字母，分别是what、when、where、who、why以及how。what，这是你规划的内容。你规划什么时间完成或在什么时间段完成，即when。你的规划由谁实施或需要哪些人协助实施，即who。你的规划将在哪里完成即where，你的规划有什么意义，为何要做，即why。接下来，我们就可以选择如何去进行规划了，即how。

这就是规划的意义所在——一切一目了然，一切尽在掌握。

第六章

具有向上的力量，
才能一眼望到山外的天地

―――――――――

　　人活着，拥有理想、理解责任，才可能获得真正有意义的人生。理想引导着你，责任牵引着你，时间才不会荒废，人活得才有价值，才可能在危难中不忘初心，在安逸中拒绝沉沦，才可能使有限的生命绽放精彩。而这一切，皆源于一股向上的力量。

―――――――――

"野心"还是要有的，万一实现了呢？

在生活中，我们如果形容一个人有雄心，那就表示对方很有抱负，他会很高兴。如果形容一个人有"野心"，那就表示这个人占有欲很强，对方很可能会不高兴。自古以来，"野心"在多数情况下是个贬义词，如狼子野心、野心勃勃等。不过，现在有心理专家研究表明，"野心"是成功的关键因素。

因为，人的命运与内心的渴望有紧密联系：一个人最终取得的人生高度，是平庸还是辉煌，很大程度上取决于"野心"的有无；一个人最终平庸与辉煌的程度，则取决于"野心"的大小。

注意观察一下，你会发现，同样一个环境，一个有野心的人和一个胸无大志的人，他们的行为方式会截然不同。比如，有野心的人可能会想着如何提高自己，做好事情，处理好各种人际关系，业余时间利用来学习或者做事情。但野心小的人总是很容易满足，可能什么都不太会考虑，比较随性，做好该做的就觉得足够了。

有哲人说："一个年轻人，如果三年的时间里，没有任何想法，他这一生，就基本是这个样子，没有多大改变了。"这话不无道理，年轻人的想法是什么？从某种意义上说，这种想法就是指野心，一个人必须有野心才能得到想要的东西，如果连想都不敢，那么不要说赢，就连输的资格都没有，这样的人只会屈于人后，又有什么出息？

别把野心想得太坏，野心是什么？野心就是目标，就是理想，就是梦想，就是行动的动力！它能够强化你的自信心，让你对自我未来的目标产生坚定感，促使你提高自己，创造成功。"不想当元帅的士兵，就不是好士兵"，拿破仑的这句话耳熟能详，这正是对"野心"的很好说明!

华人首富李嘉诚就是一个拥有雄心壮志并且身体力行的人。

早在孩童时期，李嘉诚就被父辈们灌输这样一个观点——"宁可睡地板，也要做老板"，即使是一开始是从打工开始的，也要怀揣一颗当老板的野心。

14岁时，由于家庭生活所迫，李嘉诚不得不中途辍学，在一家茶楼当跑堂。香港的广东人有吃早茶的习惯，店长要求店伙计每天凌晨5点左右赶往茶楼，提前为客人们准备茶水茶点。为了最早一个赶到茶楼，李嘉诚每天都把闹钟调快10分钟定好响铃。经历过一天的工作之后，其他跑堂的小伙子早已睡去，李嘉诚却不敢有丝毫懈怠，依然在挑灯夜读。有人问及原因，李嘉诚总结说："其实年轻时我很骄傲，因为我知道，我跟普通的堂倌不一样!"

好一句"我跟他们不一样"，只有具备这样的自信和野心的人，才能够缔造15年蝉联华人首富宝座的传奇。

这个世界总有这么一小撮人，打开报纸是他们的消息，打开电视是他们的消息，街头巷尾议论的是他们，仿佛世界是为他们准备的，他们能够呼风唤雨，无所不能，如马云、比尔·盖茨等，你的目标应该是努力成为这一小撮人。"野心"还是要有的，万一实现了呢?

铁打的肩膀，都是重担子压出来的

在实际工作和生活中，每个人都难免遇到这样或那样的新问题或新任务。此时，你是主动承担责任，迎难而上，积极想办法解决，还是找各种借口为自己开脱或搪塞，拖延行动呢？请注意，你的选择会决定你所获成就的大小。这并非危言耸听，铁肩膀是重担子压出来的，人无担当不可以立业。

一家单位要招聘一名部门经理，高薪水，高待遇，吸引了众多慕名而来的求职者。经过层层严格的选拔，在最后的面试环节，总经理提出了一道连小孩都能回答的问题。然而，正是这个问题让许多人都落选了。这是一道选择题，总经理当时给出了两个选择，由应聘者任选其一。A.挑两桶水上山去浇树，你能够做到，不过会非常吃力。B.挑一桶水上山，你很轻松就会上去，并且还有充足的时间回家睡上一觉。几乎所有人都选了B，只有一个青年选择了A。

当总经理问及原因时，这个青年说："尽管挑两桶水非常辛苦，可是我有能力完成，既然有能力完成的事情为何不去做呢？再说了，让树苗多喝一点水，它们会生长得更好，何乐不为？"最终，这个青年被录取了。对此，总经理这样解释："选择挑一桶水不用费力，而且十分轻松，可他却选择挑两桶水，敢于承担两份责任，这样有责任、有担当的人正是我们所需要的。"

担当是具体的，而不是抽象；是艰难的，而不是轻松的，需要付出时间和精力，承受压力等。人的本性是趋利避害的，所以不少人在问题和困难面前会退却，不敢挑重担。殊不知，担子轻了，力气省了，但是增长力气的机会也放过了，提高能力又从何谈起？结果就是，越不担重任，能力越差，成绩越平。

而一个觉醒的人明白，有职就有责，有责就要担当。当面临一项新任务时，他们不会考虑打退堂鼓的理由，而是先想自己如何可以完成，用"能力强是工作多逼出来的，铁肩膀是重担子压出来的"这句话来鼓励自己。如此，不但锻炼了自己、增强了能力，还向众人展示了自身能力，进而成为被重用、被提拔的第一人选。

人越干越能干，越干越想干，越干越会干。能者多劳，劳者多能，这是一个良性循环。

大学毕业后，柳艺的第一份工作是在某电视台做初级广告销售代表。在这个部门，学历高、能力强的人层出不穷，柳艺自知自己没优势，便提醒自己必须比其他同事更努力才行。工作期间，她总是主动去做更多的事情，公司的客户电话簿旧了，她主动将电话记录誊写到新的电话簿上；老板要打印客户资料，她总是第一个跑到打印机前，她说得最多的一句话就是："来，让我做吧"；当别人抱怨工作百无聊赖、老板苛刻、业务难做时，柳艺则认认真真地工作，用心搜集、深入了解产品以及主要客户的资料，这些表现赢得了经理的认可与赞许。

有一次，台里需要有人来负责销售政治类广告，这是一份比较棘手的工作，要做好这份工作不仅需要丰富的经验，而且要付出比平时更多的时间和精力，更关键的是如果没有业绩也就没有提成，因此没人肯接这个"烫手山芋"。怎么办？正当公司领导一筹莫展时，柳艺想到自己大学期间曾阅读过不少与政治相关的书籍，或许能有所用处，于是主动找到领导，向领导表达了她希望做负责人的想法，还上交了一份关于未来工作计划、课题的报告。

工作最初，柳艺在市场调查、客户开发方面遇到了很多困难，但她毫无怨言，马不停蹄地四处奔波，经常工作到半夜，一天只睡5个小时。她清楚地记得，一位新来的同事曾毫不掩饰地嘲笑自己："你瞧我，活儿干得少，责任承担得少，日子过得逍遥，工资可不比你少！你何必那么拼命？"那时候，柳艺经常忙得不可开交，这位新来的同事却经常无事可做，但柳艺提醒自己担当得越多，事业才能越好。一年的时间她掌握了本领域最全面的市场信息，拥有了相当数量的客户，也积累了丰富的知识与技能，将工作做得顺风顺水。最终，她不仅成了高端商业客户的高级销售经理，而且还成了老板的得力助手，业务和仕途双丰收。而那位同事做得少、学得少，便成了多余的人，不到一年就被台里辞退了。

你是不是很羡慕那些成功人士，他们有着令人羡慕的职业、高额的收入，享尽无限风光……但仔细观察你会发现，那些人存在着一个共同的特点，即他们能负重、有担当，毫不避讳承担责任，甚至担负了比他人更多的责任，承受了更大的压力。

人生没有绝对的公平，但是相对公平，在一个天平上，你想得到得越多，就必须比别人承受得更多。

觉醒吧，责任是有两面性的。责任的正面，也许是压力和重量；但责任的背面，则是种种成长的机会。所以，别羡慕别人威风八面，主动勇于担当吧，人所能负的责任你必能负，人所不能负的责任你亦能负，相信你的成功格局会越来越大。

宁做鸡头，不做凤尾

每逢毕业季不少学生就会陷入迷茫，面对多家公司常常举棋不定，不知该作何选择。情况大抵如此：有些公司名气颇大，效益也不错，但入职后需从最底层做起，收入也并不理想；另一些公司则恰恰相反，起步不晚，规模不大，为了引进新人，薪资待遇和岗位都比之前的大公司提高了一个档次。

到底是去大公司做底层？还是去小公司做中层？这既是对人生价值观的选择，又是对人生态度的讨论。仁者见仁，智者见智。然而，我们应当认识到，人应宁做鸡头，不当凤尾。"鸡头"指的是小环境，弱条件下的领头人，"凤尾"则指的是优越而又复杂的竞争环境中的追随者。

"宁做鸡头，不做凤尾"，是因为"鸡头"是权利的象征，是头脑的象征，是有决策权的表示，做"鸡头"能更快更好地提高我们的个人能力，提升我们的社会地位，从而实现我们的追求。相反，假如一个人连决策权都没有，那么不管你有多高的能耐，多宏伟的理想，往往也举步维艰。

2008年，美国第四大投资银行——雷曼兄弟由于投资失利，在谈判收购失败后宣布申请破产保护，平安保险公司也因此直接损失157亿元。在这之前，其实平安保险的一名员工已经预料到了这次损失，可是他只是一个普普通通的部门经理，在总公司没有多少话语权，虽然他当众提出了自己的看法，但最终没有人重视。在一家公司，就连一个部门经理的意见都不被重视，又何况"凤尾"的意见呢？如果你只是一个无足轻重、可有可无的人，你的提议又有谁会在意？在如此环境下，你如何去提高自己的能力，又如何去施展自己的抱负？

"就算统治地狱，也比在天堂打杂强"，这是西方的一句名言，与"宁做鸡头，不做凤尾"的意思类似，意思都是说，宁愿在小圈子里面做个能说话的人，也不到大圈子里面做默默无闻的人！当然这里是有条件的，那就是上进心。一个人如果没有上进心，就算今天你是"凤头"也终会变成鸡粪；相反，只要你拥有积极的上进心，"凤头"终将也会属于你！

他是一位高考文科状元，北大毕业的天之骄子。亲戚朋友们对他的期许很高，认为他不是一个儒雅的教授，就是一个精明的商人。但他大学毕业后就回到老家。老家没有最前沿的科技，没有国际化的同事，许多人都替他感到惋惜，但他认为北京高消费、高房价，再怎么拼搏也难以混出一片天，不如回家早早创业。回家后他迷茫过，消沉过，但他没有堕落，而是操起了杀猪刀，开始了杀猪剁肉的买卖，成为一名农贸市场的小贩。

卖猪肉这件事看起来挺简单，但他却坚持做到"北大水准"，他自己养猪、自己卖猪。他卖的猪，除了品种土，还能自由活动，猪场里还设有音响，专门给猪听音乐，因为他说猪和人一样，只有心情愉悦，才会长得又肥又壮。就这样，他的"壹号土猪"在国内成为响亮的土猪肉第一品牌。后来凭着多年屠夫的经验，他和人合伙开办了培训职业屠夫的屠夫学校，每年都有大量的毕业生前来接受培训。他还自己编写讲义《猪肉营销学》并亲自授课，填补了屠夫专业学校和专业教材的空白。如今的他名利双收，闻名国内，他就是陆步轩。

如果你渴望有所作为，那就及时觉醒吧。

愿你永远前行，莫停滞不前。

愿你永远奋进，越来越强大。

也许今天的你是不尊贵的"鸡头"，但最终你会涅槃重生，变成一只美丽的凤凰。

你应该时刻向往和争取顶尖的位置

如果问："世界上第一高峰是哪座？"相信很多人都能立即答出来："珠穆朗玛峰。"

再问："世界第二峰？"几乎没人知道，书上也很少记载。

由此可见，屈居第二与默默无闻毫无区别！

第一和第二的差距有多大？在马拉松比赛中第一名和第二名也许相差几分钟甚至几十分钟。在百米比赛中，第一名和第二名经常是0.01秒的差距而已。但显而易见，金牌和银牌的价值截然不同。无论做什么事情，最好的目标就应该第一。

第一代表胜利的掌声、荣誉的鲜花、顶尖的位置等，不能否认生活中有人常常不在意胜负成败，甚至觉得追求第一是虚荣功利，这样的人虽然过得云淡风轻，但也最容易得过且过。试想，如果一个运动员不为了名次与人厮杀、争夺，又怎么可能拼尽全力去努力？恐怕到最后，只会面对几个字：失望、失败抑或认输。

觉醒吧，追求第一并非虚荣功利，而是一种积极进取的做事态度，是把事情做到更好—最好—更好的过程。时刻向往和争取顶尖的位置，那个目标会激发你的斗志、鞭策你一直向前，把你的能力发挥出来，把你的潜力激发出来，这也正是一个人优秀的根源。

在人生旅途中能领略最美妙风景的，必是那些拥有强烈渴望并为之不懈跋涉的追求者。

梦帆来自西部山区的一个偏僻农村，她家境一般，却生性好强，她一直想成为一个顶尖的姑娘。从小学到大学，念了十几年书，考了几百次试，梦帆对每一次的成绩都很在意。就拿大学时期来说，期末的时候室友还在寝室玩手机、看电影，她却早出晚归到图书馆上自习，一待就是一个月。在很多人眼里，"60分万岁"不挂科就好，可她却丝毫不敢懈怠，因为她要保持最好的成绩。结果是，梦帆年年都是三好学生，年年都能拿到奖学金，成了别人眼中的"学霸"。

军训时，军官问谁做班级领队，没人吭声就指定，梦帆第一个站出来毛遂自荐，还要了"标兵"称号。虽然梦帆训练时腿伸不直，声音不嘹亮，跑步也不快，但尽管如此，她还是愿意做"标兵"，因为"标兵"代表着优秀。当同学们尚在睡梦中时，她每天早早就起来漱口洗脸，因为她要提前赶到操场练习军姿；训练结束后，大家累瘫时回宿舍床上趴着，她则一直在练习叠被子，反反复复……后来梦帆比别的同学表现都好，还成了全校的"标兵"。

就这样，梦帆毕业时因为整体素质优秀，顺顺利利被一家大企业聘用。

许多人的能力都是差不多的，别人不比你聪明多少，你也不比别人笨多少。所谓的差距，其实是在成长过程中拉开的。那些时刻向往和争取顶尖位置的人，就像天下第一的剑客一样永远保持觉醒，永远不会停止思考——如何让功力更上一层楼？如何战胜下一位挑战者？如何保住第一的位置，并为之不懈努力，最终称霸天下。

如果你不想一辈子平庸无奇，如果你渴望获得一番成就，那就从现在积极改变吧。"欲戴王冠，必承其重。"既然选择要戴上一顶"王冠"，就不能抱怨它压在头顶的重量。必须承受更大的压力，必须做出更多的努力，必须唤醒自己一往无前的勇气和争创一流的精神。

请相信，命运永远都不会辜负一个努力向上的灵魂。

成功都是留给为自己加分的人

你喜欢钻石还是石墨？

相信在很多人看来这是一个愚蠢的问题，因为钻石光彩夺目、闪烁耀眼，价格又昂贵，可使拥有者光芒四射，谁不喜欢？而石墨稀松平常，价格低廉，顶多在冶金、化工等方面有些用处。但你知道吗？钻石与石墨本质其实是一样的，它们由同一种物质——碳所构成。

那为什么钻石和石墨又如此不同？其中的奥秘就在于排列方式的差异。当碳分子都以某一种方式排列组合起来时就会形成石墨，但如果先把石墨变成分子，然后再以另一种方式排列组合起来，就会形成钻石。这就启示我们，人要善于整合自己，最重要的是学会优化自己，如此你才可能更快地脱颖而出。

遗憾的是，有些人看不到自身问题或者即便看到了也不去改正，比如，听不进别人的意见，没有丝毫的主动性，只要是别人一说自己哪里不好就恼羞成怒，然后就开始反击。这样的结果是什么？处境无非是停在原地，或越来越糟。而有些人则能勇于接受自身错误、问题，选择向所有人学习，主动接受别人的意见，然后通过自己的智慧去排列、整合，不断地改进和优化自我，最终改变了整个人生。

米歇尔出生于一个黑人家庭，童年始终伴随着贫穷，父亲是锅炉维修工，母亲是家庭主妇，家里只有一间卧室，她和哥哥不得不睡在阁楼上。尽管生活如此艰辛，但米歇尔从没放弃读书成才的梦想，童年主要在读书、下国际象棋中度过。中学时，米歇尔连跳3级，连续4年被评为全校最优等学生。这一切，使她轻易进入普林斯顿大学，之后又顺利获得哈佛法律博士学位。参与工作之后，虽然米歇尔时常面临种族和性别歧视，但她从不抱怨，从不懊悔，总是能将工作做到最好，并且重在培养社交能力，然后她在商界成为"女强人"。

再后来，米歇尔和奥巴马因为工作结识，她的自强吸引了当时在米歇尔任职的事务所实习的奥巴马。虽然米歇尔曾对政治并不感兴趣，但为了丈夫的事业前途，她辞去芝加哥大学医院副院长职务，开始研究政治事务，并且不遗余力的帮助丈夫。她是他最好的智囊团，并且通过自己强大的人脉、极富表现力的演讲，为丈夫筹款拉票，最终她成了美国第一夫人。

一次，米歇尔去花店买花，花店老板打趣道："你真幸运，嫁给了美国总统！"

米歇尔微微一笑说："要是我嫁给你，你就是美国总统！"

生活绝对不能随心所欲，而要通过提高自身强化成事的可能性。米歇尔正是在一步步的自我提升中实现了辉煌人生。

人生需要不断优化，在时间安排上、学习上、人际关系上、做事上……如每天坚持早起，坚持写日记，坚持说到做到，学会对人微笑……努力由内而外改变自己，每一项都可以给自己加分，集合起来就是一个更优秀的自己，就是一个无与伦比的自己，直至像钻石一样熠熠生辉。

这辈子，一定要出彩一次

我希望高考考出出彩的好成绩，让周围所有的人都感到惊讶。

我想做出彩的项目策划，惊艳所有人，实现人生"逆袭"。

……

出彩是每个人都想要的，此刻个人的才智、创造力被充分释放，个人价值被重视，整个人必然是充满活力的，但怎么做才能出彩呢？我们常常抱怨命运的不公，好运没有降临到自己身上，自己没有出彩的机会。殊不知，人生的出彩，往往需要悄无声息地蓄势待发，正所谓厚积才能薄发。

地层深处的泉水，一滴一滴浸透在土壤里，毫不起眼，而一旦积聚到一起，必然可以形成涌动的喷泉；毛竹在最初的5年，人们几乎看不到它的发展变化，却不知它正悄悄伸展出长达几公里的根系，第六年雨季到来时，它便依仗着巨大的根系，以每天60厘米的速度生长，迅速达到30米的高度。

事物的成长要遵循一定的自然规律，人生的成功也需要时间的积淀。出彩之事并非惊天动地，它需要循序渐进、持之以恒，以一种向上的力量，坚持不懈地去努力。唯有厚，拥有一颗不断进取的心，不断地积累，才能使自己更强大；也唯有薄，最后的能量才会展示出惊人力量，这就是厚积薄发的妙处。

日本历史上有个一流的剑客，名叫宫本武藏。当时，一个很有剑道资质的年轻人又寿郎拜宫本武藏为师。在学艺的时候，又寿郎问宫本武藏："师父，按照我现在的资质，要练多久才能成为像你一样技艺高超的剑客呢？"

宫本武藏回答道："最少10年！"

又寿郎觉得这个时间有点太长："10年太久了，您快点教我、我也加倍地苦练，如此需要多久才能达到目标呢？"

宫本武藏回答说："那就要大概20年。"

又寿郎十分惊讶，连忙问："为什么"。

宫本武藏回答说："要想成为一流剑客，有一个非常重要的先决条件，那就是心神要安定，你要在日常的训练中不断坚守、进取、升华，才能沉淀、积蓄，而后发。"

又寿郎幡然悔悟，于是按照正常的节奏练剑，终成一流剑客。

生活中那些取得较大成就和成功的人，并非拥有一步登天的本领，而在于在日复一日、年复一年的努力中积蓄力量，对抗着自身的庸、懒、散、奢，然后不断改变。当他们的努力达到一定程度时，就会厚积薄发，一鸣惊人，将自己推向成功的巅峰。

汪涵是湖南卫视著名节目主持人，观众对他的印象大多是高情商、反应快、会说话。2015年在《我是歌手》直播总决赛中，一位歌手中途突然宣布退赛，汪涵精彩绝伦的救场3分钟更是火遍全国，一席话讲得有礼有节，铿锵有力，力挽狂澜，体现出一个主持人超高的专业素养，令众人深深折服。

睿智、幽默、博学，这是汪涵所展现给外界的形象，而这一切均源自他多年的努力向上。汪涵早期只是电视台的临时工，虽然每月的薪水很低，但再累的活，再危险的活，他都愿意干，场工、杂务、灯光、音控、摄影、现场导演样样涉足，他没有学过任何摄像技术，却抢着替外景记者扛笨重的摄像器材，就是为了多跟前辈学习。他在自己家中专门开辟了一间小书房，取名"六悦斋"，"六悦"即书能满足六根的愉悦感。只要有时间他就坐在书房读书，每年看几十本书，一步步成熟，一步步蜕变，汪涵最终厚积薄发，发而耀眼，成为湖南卫视的"台柱"，更成为电视主持界的佼佼者。

每一颗闪闪发光的钻石，都是经过了千百次的打磨；

每一只翩翩起舞的蝴蝶，都要承受破茧而出的阵痛；

每一个艳光四射的出彩，都是一种厚积薄发的沉淀。

每一个人都有属于自己的光芒，即使你现在还是一只"丑小鸭"，也不要紧，只要你保持觉醒，一直努力向上，默默前行，光芒迟早会照在你的身上。

只要开始努力，永远都不会晚

在一些人眼里，身边总有活得比自己好的人，他们的人生很精彩，他们的事业很光鲜，他们的生活很美满……越是羡慕，就越对自己的现状不满。在不满之后，不少人会选择自怨自艾，很少有人会发愤图强。问及原因，答案无非是，自己已然这样，再努力也无济于事。

"唉，我已经是资深的剩男剩女，还有什么资格挑剔，还去谈什么恋爱，再拍拖就直接是结婚对象了。"于是，这些人一找到对象就闪婚，没享受过恋爱的心动，便早早投入婚姻的"柴米油盐"，而后只能感慨生活的平淡乏味。

"我以前的梦想是做一名作家，写自己想写的一切，现在看到一些曾经有着共同梦想的朋友都出书了，真是羡慕。唉，可惜现在一切都晚了，写了也没有人看。"于是，这些人继续做着与写作不相干的工作，心里始终藏着一份遗憾。

……

一面羡慕他人的成就，一面对自己无能为力，这是最可怕的观念。

努力当然是有分别的，时机不同，往往效果也不同。但我们也必须尽早认识到，人生有无限种可能，不做就一点可能都没有。而一个人只要开始努力，永远都不会晚，因为人生本来就应该是一个不断自我尝试和修正的过程，你或许出发得有点晚，但只要一直向上，就是进步，最终会抵达自己想去的地方。

2015年中国国际时装周上，79岁的王德顺一夜爆红。这个精神矍铄、身材矫健的老头儿，被大家亲切地称为中国"最帅大爷""老鲜肉""老型男"……比这更传奇的是，他的人生经历。王德顺出生于沈阳的一个普通农民家庭，小时候由于家里穷，上不起学，他14岁就辍学打工养家，24岁时偶然接触话剧表演，他便一发不可收拾。话剧表演需要具备一定的文学修养，识字不多的他就白天排练，晚上补习小学、初中、高中课程，不断给自己充电。时光从不辜负努力前行的人，渐渐地，王德顺在话剧界声名鹊起。他49岁那年，放弃稳定的话剧团工作，只身前往北京，开始哑剧表演。

哑剧表演的关键在于形体表现，对于一个50岁左右的人来说，身体无疑是最大的考验。为此，王德顺开始像年轻人一样进健身房锻炼，他不看电视，不打牌，每天健身两小时，游泳一小时，每周一次速滑，春夏秋冬，风雨无阻。之后，他练出一身结实的肌肉，成功出演了一场又一场的活雕塑，他独创的"造型哑剧"成为世界上唯一的哑剧种类。他饱含热情地坚持健身，岁月回报给他的不仅是满面红光，更是一次向上的人生机遇。2001年开始，凭借须发皆白、仙风道骨的形象，这个65岁的老头被影视圈所看重，他饰演了《天地英雄》里的老不死、《闯关东》里的独臂老人、《功夫之王》里的玉皇大帝……之后，他70岁练腹肌，78岁骑摩托车，79岁上T台……

王德顺开始的每一段人生，似乎都比别人晚了几十年。但对他来说，只要心怀激情、拼尽全力去做，任何时候开始，都是最早的时候。那么，我们还有什么理由埋怨现实、垂头丧气？

没错，种一棵树的最佳时间是20年前，其次是现在。

对于一个真正有追求且觉醒的人来说，任何时候都是年轻的，想做的事永远不会晚。20岁、30岁、40岁……无论多少岁只要肯努力，持续朝正确的方向努力，一切永远都来得及。

第七章

去突破，
做任何事没有突破等于没做

我们往往爱徘徊在自己所熟悉、所擅长的领域，这样虽然无惊无险，但人生最大的痛苦莫过于无法突破自己，止步不前，活得无精打采。如果我们愿意做出新的尝试，将会发现：看似高难度的挑战，其实并没有想象中那么可怕。更重要的是，当你突破自己的时候，或许会出现让人雀跃的奇迹。

别被旧经验束缚住你的手脚

现在干什么都讲"经验"，机会面前总是"有经验者优先"，没经验的人则总被挡在门外。为此，很多人在日常生活中都非常注重"经验"，习惯恪守老经验，遵循老传统。但很多时候，我们又会发现自己经常被一些所谓"经验"的东西蒙蔽了眼睛，束缚了思维，甚至造成无法挽回的损失。

下面这个故事中的船员就是由于固守老经验而经历了一场悲惨遭遇。

一座远洋海轮不幸触礁，沉没在汪洋大海。船上的6位船员拼死登上一座孤岛，才暂时得以幸存。但接下来的情形更加糟糕，岛上没有任何可以用来充饥的东西，更没有水。在烈日的暴晒下，每个人都口渴得冒烟，尽管四周都是水——海水。谁都知道，海水又苦又涩又咸，饮用过后反而会更加口渴，最终人会因严重脱水而死亡。当时这6位船员唯一的生存希望是老天爷下雨或过往船只发现他们，但一连几天都没有下雨，也没有船只经过，船员相继一个个渴死了，最后只剩下了一个人。

这个人感到饥渴、恐惧、绝望，他感到自己也快要渴死了，他绝望地想到："既然都是要死，不如先喝点海水死去，这样总比干等死强"。于是他一口气跳进海水里"咕嘟咕嘟"地喝了一肚子海水。可是当他喝完海水后，却惊讶地发现这水一点也不苦涩，相反非常甘甜，非常解渴，他刚开始以为是自己死前的幻觉，便静静地躺在岛上等着"死神"降临。结果，他发现自己居然没死，于是他每天靠喝这

"海水"度日，终于等来了过往的船只。

不少人将这个人的生死经历当作一场奇迹，惊讶于那片海水居然能做解渴的饮用水。后来有关专家化验这里的海水发现，这片海下有一口地下泉，由于地下泉水的不断翻涌，所以这儿的海水实际上是可口的泉水。事后，这位船员悔恨地感叹："都是老经验害了我们，如果当时能够冒险试一试，哪怕只试一次，其他船员也不会丧身孤岛。"

"海水是咸的，根本不能饮用"，这是基本常识，因此其他几名船员就这样被渴死了，连一次尝试都不敢。追根究底，还是老经验害死了他们。而最后活命的船员正在求救无望的生死之际，颠覆了老经验，打破了常规思维，做出了异于常人的举动，正是这一举动使他获得了一线生存的希望。可见，对人生而言，经验往往是一笔不可多得的财富，但如果只是一味地笃信经验，完全凭经验办事，就容易发生"刻舟求剑"的荒诞行为。

是的，在当下瞬息万变的时代里，再好的经验也会成为过去，如同高科技产品一样，今天也许是博览会上的高、精、尖，明天就有可能成为博物馆里的"古董"。回想一下，你是否有过因拘泥于过去成功的经验而导致失败的经历？你是否有过因拘泥于所谓"经验"而阻碍"创新"的事实？

如果你希望改变现状，就赶紧觉醒并做出改变吧。

与恪守老经验的人不同，具有新思维的人长了一身"反骨"。别人切苹果时直着切，他们偏偏要横着切，看看究竟有什么不同；别人说"不听老人言，吃亏在眼前"，他们偏不听，偏要自己闯闯看，去尝试；他们相信自己的判断，凡事喜欢自己动脑筋，如此也一定能够有一番作为。

"猫眼电影"是"美团"在电影这个垂直品类上进行拓展而后内部孵化出来的一个产品，最开始"猫眼电影"计划在院线摆放团购兑换票的机器，这种机器体积很大，而且笨重，一台机器成本一万多元，投资需要数百万元。美团网创始人兼CEO王兴看了团队递交上来的机器配置和预算，问道："为什么这台机器要做这么大？能不能小点儿，节省点成本？"下面的团队面面相觑，因为在这之前，格瓦拉等先行者都是摆放这样的机器，作为后来的跟进者，大家就照样跟着去做了。

"这些都是旧经验罢了，我们为什么不改变下？以前这样，不代表以后一直要这样。"后来在王兴的指导下，美团不打算在院线布置出票机，而是专门开发了一款独立的APP——猫眼电影，用户可以在猫眼电影上查询电影资讯，预选座位下单支付，到电影院现场再使用自动出票机打印电影票，无须在电影院排队购票。这样既大大节约了公司开支，也节省了消费者的时间。在线选座的消费习惯给现有的电影体系造成了颠覆性的变革。目前，市场上每三张电影票就有一张出自"猫眼电影"，"猫眼电影"成为影迷下载量较多、使用率较高的一款电影应用软件。

勇敢走出经验的图圄，相信你的人生会更精彩。

客观地看待自己，主观地经营自己

很多人看待自己的方式，就像在欣赏一场魔术表演，总是选择自己喜欢的某个视角，而对其他就很可能视而不见。

现实中，很多人受困于思维的狭隘和视角的主观，过得很不顺遂。也许是人际关系很糟糕，也许是事业发展受到层层阻碍，也许是爱情上频频失意，也许身心问题从不间断，很多人，甚至因此怀疑是自己的命不好……

其实，我们往往需要的只是一份觉醒。

试着在当下，去观照自己的一言一行，去直视生命中一直逃避不愿碰触的部分，随着思想的开放和自我觉察力的提升，你将会用更好的方式面对与处理生活困境，然后你会发现，以往的种种不顺，只是因为你做了一个错误的自己。

说起高中生活，刘同说那是一段最没安全感和存在感的日子。男同学都有"Adidas""Nike"，他却没有。他也渴望和别人一起吃饭、回家，但没人愿意搭理他。男生们打篮球的时候，他先帮忙买好水放在一旁，可人家并不领情。"那时候我想加入同学们的讨论，试着搭话，可没人理我，心里特失落。"刘同说。

刘同曾经做过一件很傻很天真的事情：为了能够交到朋友，他写小纸条给班上的体育委员：你好，我可以成为你这辈子最好的朋友吗？对方看完以后，用一种异样加恐惧的眼神看向他，然后像被烫到手似的直接把纸条扔进了垃圾桶。用刘同的话说，那时候，男生不把他当男生，女生也不把他当男生。他当时的想法是，这一切都源于自己太穷了。

除了友情，亲情也让刘同很失落。高中时期，他和父亲几乎没有任何沟通。在父亲眼里，刘同是一个每天放学以后只知道看电视，看到连电视节目都没有了还在看的"问题少年"；而对刘同来说，自己则是一个每天晚上8点半写完作业为了等父亲回来跟他聊聊天，强撑睡意看电视看到半夜12点的孩子。

年纪轻轻，却伤痕累累，刘同在纸上写下：谁的17岁比我还惨？随后，他列出了几件刻骨铭心的"惨事"：永远没有零花钱，永远穿廉价的衣服；男生不喜欢我，女生也不喜欢我；老师不重视我，父母也不重视我。看着这6件惨事，不知不觉间，他忽然找到了关联，最后得出一个相对客观的结论，是因为自己的成绩差，所以父母、老师、同学都不重视他，也没有零花钱。"那时我真是醍醐灌顶，仿佛看穿了人生的本质。"找到困扰自己的问题所在，刘同开始尝试着改变自己："我想知道好成绩是怎样一种体验。"

那时，刘同已经读到了高三，却重新开始学习高一从未认真学过的数学。跟着老师的复习节奏，他买了三本习题集，老师每带领大家复习一个小节，他都要求自己把习题集里对应的部分全部做完。一段时间以后，他在数学小结考试里进入了三甲。对于语文及其他学科，刘同同样发挥了前所未有的热情，语文成绩竟从默默无闻的80多分提高到刺眼的137分，最差也没低于过120分。当老师对刘同说，你以后有什么问题就来找我时，他感受到了尊重。"我真的不想笑，我想哭。"

至此，刘同明白了一个道理：只要稍稍转变自己看待和处理问题的方式，一切都会变得不一样，这令他受益匪浅。

我们总能看到别人眼里的揶揄，却看不到自己脸上的污泥，因而觉得整个世界都在与自己为敌。我们总是站在别人的对立面来看待自己，"你不要这样想""你应该这样想"，就成了我们的口头禅。而他们应该这样想却做不到，当然就是他们的错了。求全责备就是这样产生的，同时，我们也不能只客观地看待别人，而不能客观地认识自己，我们应该准确地了解自己的能力、水平和品质。

我们大多数人一直都生活在混沌之中，其实我们只需要站在自己的对立面，客观地看待自己，主观地经营自己，一切就都会变得不一样。

人生走到什么地步，往往是能否决断的结果

人的一生要走很长很长的路，这条长路上还会有很多岔路口，我们每时每刻都在做决定，此时有些人往往优柔寡断，患得患失，三思，三思，再三思。

殊不知，凡事千思百虑有一定好处，可以降低做事情的出错率，却也会让我们不能迅速、准确、及时地行动，从而亲手丢掉一次次成长发展的契机。尤其在竞争异常激烈的今天，速度决定一切，速度就是效率，谁快谁才能赢，如果总是畏葸不前，那就会丧失太多机会。

身在管理岗位，胡星每天工作忙碌，事务繁杂，但她却活得很自在，有条不紊。有人追问秘诀时，胡星说："面对工作中纷繁复杂的情况，按部就班的工作方法绝对是不行的，这样会把我们的时间慢慢耗尽，使自己碌碌无为。当事情乱糟糟如乱麻一般无法整理的时候，就要拿出快刀斩乱麻的果敢手段，将一切顾虑都放下，破而后立，简单明了，做该做的事，则一切便会井然有序。"

是的，对与错是考虑问题的重要因素，但不是唯一因素，一件事情的抉择需要有很多方面的因素支撑，快刀斩乱麻不失为一个好决策，就算有时候会犯错，也总比思来想去要好。就像洪水来临时，大堤决口，人们往往在这千钧一发的时刻用肉体堵住决口，以赢得时间。如果像平时一样按部就班、慢条斯理地去找沙包、木桩，恐怕等找来了情况也已经无法收拾。

在美国，"钢铁大王"安德鲁·卡内基的经历是个传奇，他是白手起家的成功

商业精英的典范，也是果断行事取得成功的极好例证。

1865年美国南北战争结束，联邦政府与议会首先核准联合太平洋铁路公司，再以它所建造的铁路为中心路线，核准另外两条横贯大陆的铁路路线。与此同时，各级政府部门还提出了数十条铁路工程计划。此时，29岁的卡内基已经凭借自己的努力当上了宾夕法尼亚州铁路公司西部管区的主管，也算是少年得志。但是，他已经预见到美洲大陆的铁路革命和钢铁时代的来临，毅然向宾州铁路公司递交了辞呈，辞职后他到伦敦考察了那里的钢铁研究所，果断用重金买下了道茨兄弟发明的一项钢铁专利。当时，很多亲友劝说卡内基最好再考虑一下再做决定，其实卡内基开始做交易时也有过一丝不安，不过他认为："如果做事情只求稳妥的话，就不可能有所突破，也就不可能有所成就。"后来，卡内基承认，那项专利给他带来了约5000镑黄金的利润。

1872年，卡内基又前往英国考察，其间他目睹了制造钢铁的新方法，预见到炼钢将是工业未来发展的方向，返回美国后他毫不踌躇，拿全部财产当赌注，又倾其全力地大量举债，成立了卡内基钢铁公司。很多人替卡内基果断"对钢铁不计血本地大投入"忧虑，但是卡内基却认为"这时不做，更待何时？再过几年美国处处需要钢铁，哪有卖不出去的理由！如果自己不敢去尝试，赚大钱的机会也许就让给别人了"。到20世纪初，卡内基钢铁公司已是世界上最大的钢铁公司，而他本人则成了亿万富翁。

人生走到什么地步，往往是能否决断的结果。

你羡慕卡内基这样的成功人生吗？你渴望人生有所改变吗？那你必须觉醒，从此刻抛弃你的思虑与徘徊，培养自己决断的能力，并马不停蹄去做。如果凡事都能延续这种思路和方法，你将摆脱眼前的困境和烦恼，有精力和时间做真正有价值的事，并最终一步步迈向成功。

正是犹豫和等待，造成了你现在的无奈

从小到大，你可能定过很多目标，有过很多梦想，但有些由于某些原因到现在还未能实现。你是否想过，阻碍目标实现的最大障碍是什么？不少人喜欢用外在客观条件当借口。但事实是，我们总是激情满怀却又不停踌躇，正是这种犹豫和等待，造成了我们现在的无奈。

孔山是某高校的一位执教教授，每天除了上课就是备课，他害怕这种一眼望到头的生活，不想平平淡淡过一生，总觉得要做些什么，来改变生活的轨迹。他能力中等以上，智商也算一流，但却一直活得平平庸庸，为什么？关键就在于他做事总是犹犹豫豫。

例如，这几年为了过上更富足的生活，孔山一直考虑"下海"。有朋友给他提供了一个夜校兼职授课的工作，他很感兴趣，但快到上课时，他犹豫道："这样晚上就没足够的业余时间了，我再考虑考虑吧。"；又有朋友建议他炒股，一开始他豪情冲天，但真去办股东卡时，他又犹豫道："炒股有风险，万一挣不到钱反而赔了怎么办？我还是等等看吧。"；最近，明明心仪的一家文化单位向他抛出了"橄榄枝"，但孔山心里又开始了痛苦的思想斗争，走还是不走？走可能得到什么？走可能会失去什么？其实权衡利弊也对，可他却一直犹豫不决，结果有人前往应聘，那家单位再也没有空缺岗位。就这样，孔山的生活一直没有改观，他一直为此抱怨连连。

　　人生也许就是这样，犹豫着犹豫着，等待着等待着，就不知不觉错过了。因为犹豫没有实际用处，只会让你在瞻前顾后中裹足不前，白白消耗自身的时间和意志力；机会是稍纵即逝的，你永远不知道，你在犹豫的时候，多少人比你更主动，比你更努力，进而抢占了先机。

　　如果你对自己的现状不满，如果你有太多目标尚未实现，那么就立即觉醒起来吧，要时常提醒自己养成立即行动、做事敏捷的习惯，不犹豫不决，不拖拖拉拉，在第一时间付诸行动，如此才有能力、有机会去改变自己的生活。

　　网上有一篇刷爆朋友圈的文章——一个不犹豫的人是怎样生活的？

　　当你还在犹豫什么时候能每天6点时，已有人在凌晨4点起床阅读。

　　当你还在犹豫要不要减肥时，已有人从130斤减到了90斤……

　　当你还在犹豫是否要跑步时，已有人直接换上运动装下了楼。

　　当你还在犹豫要不要报名参加马拉松时，已有人在跑道上开跑，而你却错过了报名时间。

　　当你还在犹豫要不要追求心仪的男生/女生时，已有人牵起了对方的手。

　　当你还在犹豫要不要去日本旅行时，已有人乘飞机抵达东京。

　　当你还在犹豫是不是每天坚持写1篇文章时，已有人写了100篇原创文章。

　　当你还在犹豫什么时候开始学英语时，已有人对答如流地与老外交流。

　　当你还在犹豫什么时候开始学理财，已有人小试牛刀收获了少许外快。

　　……

　　所以，在下一次犹豫不决时，告诉自己，与其犹豫不决，不如直接行动。你会发现，将犹豫的时间节省下来，去创造和发现自己身上蕴藏的可能性，去做自己真正想做的事、有价值的事，成功的概率总是大得多。

即使不成熟的尝试，也好过胎死腹中的计划

任聪是一家文化公司的总经理，最近她计划在公司微信公众号上发表文章，宣传公司品牌，她通知了所有朋友，希望大家多多关注，到时多给自己提意见，或者点赞。过了一段时间任聪没动静，便有热心的朋友主动问任聪写文章了吗？任聪不好意思地说："我现在写的东西太烂了，没什么干货，等我练好写作之后再更新吧。"朋友说："你又不是专职的写手，谁会要求那么高？把你想说的写出来就行了。"任聪又说："公司成立没有多长时间，我现在的想法还是不够成熟的，有时也没有思路，再说吧。"就这样，任聪的文章一直没有发表，大家渐渐都忘了她曾经的计划，就连她自己也记不清了。

这样的场景是不是很熟悉？特别是刚开始学习或者使用英语、编程、理财这些需要长期持续践行才能看到明显效果的技能时，就很容易发生类似上面的场景，总想着自己一出手就能惊艳全场、技压群雄，接受不了自己那个笨拙的过程。殊不知，人在尝试做新事情时显得笨拙是正常的，做任何事都需要经历一个从笨拙到熟练的过程。如果你因此不去尝试，那种笨拙就会一直追随于你，使你永远无法行动。

有人可能会说，做事情时机很重要，所谓天时、地利、人和，才能事半功倍。这么说当然有道理，但问题是，生活不是等我们做好了所有的准备，然后按着我们的意志去发展的。很多事情等到万事俱备时，就已经晚了。

比如，我们要开一家店铺，手中资金不够，难道我们就不可以开了吗？如果等下去，等到升职加薪后，等到有钱了以后，再去开这个店有可能已经没有任何意义了。

为了避免再出现这种损失和遗憾，建议在理清大体方案后就立即付诸行动。每一次冒险都会伴随着许多风险、困难与变化，但有句话说得好"计划永远没有变化快"。就算考虑得再周详，我们仍然不可能准确预测最后的解决方案，仍然可能发生意外，所以不妨先做起来再说。不停地练习，随着时间的推移，你的熟练程度会增加，笨拙就会逐渐远离你。

科莱特是英国利物浦市的一个男孩，他以优异的成绩考入了美国哈佛大学，常和他坐在一起听课的是一个18岁的美国小伙子。大学二年级时，这位小伙子和科莱特商议，希望能一起退学，去开发一种叫32BIT的财务软件，因为新编教科书中已解决了进位制路径转换问题。当时，科莱特感到非常惊诧，因为哈佛是多少人挤破脑袋都想考入的，他好不容易才考进来，他来这儿是求学的，不是来闹着玩的。再说对BIT系统，老师才教了点皮毛而已，要开发BIT财务软件，不学完大学的全部课程是不可能的，于是他委婉地拒绝了那位小伙子的邀请。

就这样美国小伙子退学了，科莱特则继续攻读大学，之后又成为哈佛大学计算机系BIT方面的博士研究生。顺利拿到博士后学位之后，科莱特认为自己已具备了足够的学识可以研究和开发BIT系统软件了，这时他才得知，这几年随着电脑科技的发展，BIT系统已经落后了，而那位美国小伙子退学后一直在研究软件开发，他已经绕过BIT系统，开发出EIP财务软件，这种软件比BIT快1500倍，并且在两周内占领了全球市场。一个代表着成功和财富的名字——比尔·盖茨也随之传遍全球的每一个角落。

科莱特认为只有具备了精深的专业知识才能创业，所以他想着等到学完所有知识再创业也不迟。比尔·盖茨则是一开始就直接对准了目标，他甚至没等大学毕业就开始创业，在创业的过程中，他根据需要不断地补充和更新自己的知识，最终比科莱特更快地抓住了发展机遇，取得了非凡的成就。

　　觉醒吧，做好事前准备很重要，但即使不成熟的尝试，也好过胎死腹中的计划。不必万事俱备，想做什么就马上开始，只要你积极行动，不断完善，条件就会变得越来越成熟，成功也才会青睐于你。

早日达成目标，埋头苦干不如巧干

有一位哲学家学识渊博，却不善做事，总是处处碰壁。这天妻子临时有事，便让哲学家去河边放牛。等牛吃饱之后，哲学家想将牛牵进牛栏，但牛却较起劲来，死活不肯进栏。哲学家又拉又推，累得气喘吁吁，牛却丝毫未动。哲学家以为牛是故意在和自己作对，气得直跺脚。这时，妻子从河边拔了一把青草，一边喂牛一边向牛栏里走，很快就顺利地将牛带进了牛栏。

妻子不费吹灰之力就让牛乖乖进了牛栏，哲学家用尽全力又拉又打，牛死活不进，为什么？因为方法不对。哲学家一心想靠蛮力把牛赶进牛栏，而不知用一把青草就能将牛引进栏中。可见，空有一身力气苦干，往往不如巧干的效果好。我们做事情也是这样，一定要有头脑，有智慧，讲究方式方法。

任何事情，要巧干，不要苦干。

所谓苦干，就是尽力地干，艰苦地干，不避艰辛，尽力做事。

所谓巧干，就是办事有独创性、有办法和想法、做法上灵巧。

苦干并不能解决问题，巧干却能事半功倍。因为巧干抓住了事情的关键，并找到了解决问题的针对性方法，这样就能避免盲目地干，能高效率地做事。

一个人的能力有大小，办事效率有高低。对大多数人来讲，最头痛的问题就是：别人轻轻松松就能做好的事情，自己既耗费精力，又浪费时间，却收效甚微；对于自己想做的事，常因力不从心而半途而废。怎样解决这个问题？除了强化自身的能力之外，重要的是要学会巧干。对于一件用常规的方法无法解决的事情，我们要懂得用非常规的方法去解决，善于抓住事情的关键。

孙洲在某一建筑公司做项目工程师，这段时间他们的施工遇到了难题：他们要把电线穿过一根10米长但直径只有25厘米的管道，而且管道还砌在砖石里，并且拐了四五个弯，大家费了很大劲儿将电线往里穿，却怎么也穿不进去。后来孙洲想到一个好主意，到一个宠物店买来两只小白鼠，一公一母。

当看到孙洲拿着装有老鼠的笼子前来时，经理有些生气地质问道："你买两只小白鼠来干什么？你觉得小白鼠很好玩是吗？我们都在这愁得白了头，你还有心情玩！？"

孙洲并不急于为自己辩解，而是叫来一个同事。他把一根线绑在公鼠身上，把电线拴在线上，并把它放到管子的一端，叫同事则把那只母鼠放到管子的另一端，并且逗它吱吱叫。当公鼠听到母鼠的叫声时，便顺着管子跑开了，身后的那根电线也被拖着跑。就这样，小公鼠拉着电线穿过了整个管道。

经理恍然大悟，惊喜万分，决定重用孙洲。

巧干能捕雄狮，蛮干难捉蟋蟀。

世上的事情其实不必耗费体力去拼命，而需要合理的思考、智慧的分析。所以，劳而无功时先别抱怨，不妨想想自己是否仅凭匹夫之力苦干硬干。如果是，那就应该讲究方式方法，勤于思考，善于动脑。好力气加好头脑，苦干结合巧干，才能又好又快地解决问题、完成目标，问鼎辉煌。

第八章

你想要的机会，
就在你觉醒的一刹那

人一生中会面临许多抉择，也会遇到许多机遇，但有人却懵懂不知，眼睁睁看着美好的一切都悄悄远走。所以，糟糕的境遇从来都不是上苍惩罚，也不是命运捉弄，而是你自己没有把握好，没有准备好。不过好在，当一个人及时觉醒，明白该做什么，机会就会再次降临。

靠输血是活不久的，关键是得自己造血

当你感觉人生陷于无助时会做什么？当你遭遇解决不了的难题时会怎样？当你越发没有安全感时又会怎样？……此时，相信不少人会从他人身上寻求慰藉与精神支持。

有句话说"一个人坚强得太久会很累"，需要别人是人的一种天性。我们每天都在各种协作关系中生活和工作，更离不开别人的支持和帮助，可如果总是习惯性依赖别人，这种行为模式只会使自己越来越脆弱、懒惰、缺乏自主性。等到有一天孤立无援了，又会开始抱怨命运的不公。

莫北是家里的独生女，父母一直悉心照顾她，衣食住行事无巨细。这本是出自好意，但莫北却因此养成了凡事依赖父母的习惯，二十多岁的姑娘不会做饭、不会打扫卫生，就连平时穿的衣服都要妈妈帮着洗。交到男朋友时，莫北会不停试探对方——"你是不是能给我完全包容的、无条件的爱？"她也希望对方像父母一样每天照顾自己，伸手穿衣，张口吃饭。一开始，男人还觉得莫北很像一个公主，但爱情的激情过后，他马上意识到，这个女孩子太依赖自己，缺乏生活自理能力，和这样的女人生活在一起太累。之后，他便不声不响地逃之夭夭。

莫北在一家建筑公司工作两年，但已经调了两次岗，从A部门调到B部门再到C部门，一次人力资源部经理又找她谈话，准备将她再次调岗。好不容易适应了一个位置又要被调，对此莫北很郁闷，处处抱怨："我和一个校友同时进入公司，他

是男的，我是女的，为什么每次总是调我？就因为我是女性，我就活该倒霉吗？"但知情的人都知道，莫北的被调并不是因为性别歧视。建筑公司女同事很少，莫北总觉得自己是女性就该被大家照顾，遇到累活、脏活、重活等她都是糊弄或者干脆不做。一遇到工作中的难题，她则总是推给别的同事："你帮我做吧。"就这样她给留下了糟糕的印象，同事们都觉得她娇气，怕吃苦，也没有上进心，自然也不愿意再多帮她。

就这样，莫北的爱情夭折了，工作又处处碰壁，人生简直是一团糟。

无论亲人、爱人还是朋友、同事，别人的恩惠与庇护毕竟只是一时，没有谁能长久地保护你。天下没有不散的筵席，总有一天他们会离你而去，总有一天你要一个人走过一段岁月。为了让自己到时不至于狼狈不堪，我们必须独立起来，不能依赖别人，把自己交给自己。

这个道理就像"输血"和"造血"，"输血"容易"造血"难，如果造血功能不强，哪怕输入再多的血，只要一旦停止"输血"，最终也是活不久的，学会自己造血才是关键。

心理学家Nathaniel Branden曾经召开了一个为期三天的研讨会。研讨会开得很顺利，到了第三天，快要结束的时候，参会者都表示自己学到了很多，向老师致谢。Nathaniel Branden却向大家抛出了自己的重要观点："没人会来。"他解释道，在生命之路上，没有人跟我们一起，家人、爱人、朋友，没有人会来，我们只能独行，我们必须为自己负责。

这时一位参会者举手表示疑问："博士，可是事实并不是这样的。"

Nathaniel Branden博士问他："为什么这样说？"

他答："博士，您来了。"

Nathaniel Branden告诉他："是的，我来了，我来是为了要告诉你们'没人会来'。"一席话引得满堂哄笑。

虽然这个故事中的Nathaniel Branden博士是以一种幽默的方式告诉大家"没人会来"这个道理的，但是我们仍旧可以确定，我们的生命里的确"没人会来"，没有穿着闪亮铠甲的骑士，把我们带到幸福的国度；也没有温柔善良的田螺姑娘，在我们回家时做好热气腾腾的饭菜。

不管这听上去多么残酷，它仍是我们必须面对的事实——没有人会来让你的生活变得更加美好，你所能依靠的也只有自己的一双手而已，用这双手去为自己打拼，才可能获取自尊和他人的尊重，才可能获取幸福和成功的青睐。未来从来都在你的手上，从来都只有你才能改变它。

伊万卡·特朗普是美国总统唐纳德·特朗普的女儿，可谓含着"金汤匙"出生的。但她从小坚持打工挣零花钱，除了父母提供的生活费和教育费外，其他一切开支都是自己掏腰包，就连电话账单都是自己付。凭着高挑的身材和靓丽的外表及自身的努力，伊万卡成为一个活跃在演艺圈和商界的女强人，曾连续两年登上福布斯杂志未婚女富豪排行榜榜首。再后来，伊万卡与大她一岁的名门公子贾瑞德·库什纳喜结连理，并在父亲的"特朗普集团"中担任副总裁，在美国著名的真人秀《名人学徒》中担任主持人，还自创多个同名品牌，令众人艳羡不已。

伊万卡·特朗普的父亲是一代富豪，丈夫是名门公子。然而，她依靠他们了吗？没有，很显然她也根本不用，她不需要靠父亲和丈夫来确认自己的身份，所谓的幸福正是她一手打造的真实。如果你觉得生活过得不如意，这时候不要抱怨命运，不要责怪他人，而是应该问问自己，你是否将命运紧紧握在了自己手中。

独立，并不是简单地有一项得以生存的技能，而是真正地从精神上不依附他人，成为一个健全的、为自己而活的人。这时的你，脱离了他人的庇护，忘却了曾经的保护，不再委屈，也不再害怕，勇敢迎接风霜雨雪，阳光彩虹。虽然跌跌撞撞，但这才是你想要的自己。

倘若良机迟迟不来，那就自己动手创造

机会在成功中具有举足轻重的作用，一个难得的好机会，能扭转一个人的人生走向。于是不少人会将自身的困顿归于机会少，为什么机会从来不落在自己身上，而是落在别人头上，如某公司偏偏招了我的一个同学去实习，为什么我就没有这样的机会？为什么某个同学被邀请去参加一个比赛，我却没被邀请？我的能力不比他差！

问题究竟出在哪里？下面这则小故事就能很好地说明。

某单位正在招聘一个部门经理，经过人力资源部经理几次严酷的考核，甲和乙两人在众多求职者中脱颖而出。两人无论是在个人能力、工作经验，还是资历方面都很接近，但最后只能选择一位。正当经理为录用哪一个而发愁时，乙主动给公司的人力资源部发了一封邮件，邮件信中详细表达了他对这家公司的向往以及他认为自己是合适人选的原因，此外还有一份关于未来部门经理需要在公司哪些方面做出努力的报告。还犹豫什么呢？人力资源部经理当即敲定聘用乙。

乙和甲各方面不相上下，为什么乙能够击败甲，被成功聘用呢？原因在于，乙没有一味地等待，而是主动出击，而且在还没有得到职位以前，他就已经身在其位。可见，机会往往是稍纵即逝的，而且是人人都会盯着的。一味地等待徒劳无益，要想抓住机会的手，就必须自己创造良机，先下手为强。

机会是什么？不是你守株待兔地等待着，兔子来了正巧被你抓住就成功了，而是要靠自己去发现，如果找不到，还得靠自己创造。打一个比较形象的比喻，机会就像一个蒙着面纱的女人，你必须要知道如何寻找她，捕捉她，等待她，还得知道如何投其所好，如何创造邂逅机会，先于他人，乘胜追击，借花献佛等，才能最终俘获她的芳心，掀起她的面纱，才能看到她对你灿烂的微笑。

所以，不要再一厢情愿地自怨自艾，总觉得自己怀才不遇。机会不是别人给你的，是要靠自己去争取的，没有机会那我们就根据自身条件和资源去创造一个机会。也只有自己创造来的机会，才会让我们真正产生由衷的成就感和满足感。

祁红是某家商业银行的综合柜员，柜员的收入与业务量和销售业绩挂钩，连续几年她总是收入最好的柜员，不断得以提拔和晋升。当别人都纷纷羡慕祁红真走运时，祁红却笑着说："多看，多问，多想，多做，正是我的机会所在。"祁红给大家讲述一段自己的亲身经历。

有位客户年近60岁，其子女长年在国外做贸易，平时外汇汇款一直在这家商业银行办理，一天这位客户来办理取现业务，金额是5万美元。这种情况的结果大致上会有两种：第一，5万美元出去之后就回不来了；第二，往好的方面想，客户会将这近50万元的人民币从这里取走，再存入其他银行。碰巧那天受理该业务的是位新员工，在没有询问清楚的状况下他就准备予以支取。

祁红发现这一问题后及时与客户沟通，经过一番交流，得知该客户在朋友的建议下准备拿这笔钱炒股了。清楚了原因后，祁红积极向该客户介绍本行外币质押率高于他行，且外汇交易点数低的优势，最后客户满意地把5万美元存为3年长期存款，并表示要将他行的10万元人民币也存过来。就这样，祁红既为所在银行增加了外币、人民币存款，又拿到了丰厚的销售提成，可谓双丰收。

一流的人才自己创造机会；二流的人才懂得抓住机会；三流的人有机会也抓不住。没错，你的能力不比任何人差，也许你也懂得为自己争取机会，却不懂得创造机会。已经过去的岁月中，或许你一直在等待机会，耗去了许多时光，却一直没有等到机会出现。从今天起，觉醒吧。

与其艳羡别人，抱怨种种不公，不如换一个思路，不断更新自身知识，充实专业能力和技能，吸取工作经验、教训，多多磨炼自己、锻炼自己，并学会根据社会需要，去亲手创造机会，这永远比等着别人给你机会更有意义。一个能潜心提升自己的人，大多在能力提升之后，更多的机会也会随之而来。

事不宜迟，你，准备好了吗？

事业有成，是被"辨别之神"支配的

人一定要有辨别能力，从某个角度讲，一个人如果没有辨别能力，就注定了失意和失败的人生。

陈勋第一次出远门就是来广州找工作，他决心要在这里大干一场，他相信凭着自己的聪明勤奋和刻苦努力，肯定能做出一番成就。但他文化程度不高，能力不强，一个月过去了也没有找到合适的工作。陈勋迫切想要一份工作，在遇到一家劳务中介公司的时候就一头扎了进去。对方说要先交1000元的中介费，还要等一段时间才有好工作，条件说得要多好有多好，陈勋二话不说，兴冲冲地就交了钱。接下来，陈勋就在出租房里整天看电视，等着中介介绍来的好工作。又一个月过去了，根本没有所谓的好工作，中介那边只是反复强调要交各种费用，最后身无分文的陈勋才反应过来自己是被骗了，白白耽误了大把的时间。

机会总是有的，但首先必须做到的一点是，你能不能判断出来面对你的是机会还是深坑。你千辛万苦地去实现目标，却连分辨是非对错的能力都没有，到最后不还是闹笑话吗？陈勋要是有一定的分辨能力，怎会看不出这是一个骗局，要是有一定的分辨能力，怎会不知道"天上不会掉馅饼"这个道理。

辨别能力是人生诸多能力中最重要的能力之一，正所谓"自古不谋万世者，不足谋一时；不谋全局者，不足谋一域"。

在如今这个飞速发展的时代，各种各样的信息纷至沓来，这时，学会分辨真假以及筛选有用信息就显得非常重要了。那些有辨别能力的人，会在最短的时间内准确抓住自己想要的机会，远离那些可能会使他们深陷其中的深坑。就算一时不幸，他们也有能力去抓住别人看不到的机会，日后功成名就。

1875年春的一天，美国实业家亚默尔像往常一样在办公室里看报纸，一条条的小标题从他的眼前溜过去。当他看到了一条几十个字的时讯——墨西哥可能出现猪瘟时，他的眼睛突然发出光芒。他立即想道：如果墨西哥出现猪瘟，就一定会从加利福尼亚州、德克萨斯州传入美国，一旦这两个州出现猪瘟，肉价就会飞快上涨，因为这两个州是美国肉食生产的主要基地。

亚默尔立即给家庭医生打电话，说服家庭医生马上去一趟墨西哥，证实一下那里是不是真出现了猪瘟。

很快，医生证实了墨西哥发生猪瘟消息，亚默尔立即动用自己的全部资金大量收购佛罗达州和德克萨斯州的肉牛和生猪，很快把这些东西运到了美国东部的几个州。之后没多久，瘟疫蔓延到了美国西部的几个州，美国政府的有关部门令一切食品都要从东部的几个州运入西部，亚默尔的肉牛和生猪自然在运送之列，由于美国国内市场肉类产品奇缺，价格猛涨，亚默尔趁机狠狠地发了一笔大财。

亚默尔之所以能够赚到这样一大笔别人没有赚到的钱，实现事业上的腾飞发展，就是因为他有较强的辨别能力，看准了事情的发展趋势。一个人只有学会在复杂的环境中辨别信息的真伪，选出对自己有利的信息，才能做出正确的抉择，进而实现成功。正如一句外国谚语所说："机会往往就在脚下，所以不必东奔西走，只需要学会如何辨认它。"可见，所谓的事业有成很大程度上是被"辨别之神"支配的。

所以，我们必须保持足够觉醒，学会分辨是非对错，辨别各种信息的好坏，进而借此让命运朝着自己希望的方向去发展。当然，每一次辨别背后都体现出一个人的思维、智慧、眼界和格局，这就需要我们在平时要多观察、多思考、多总结，才能最终拥有一双"慧眼"。

善"借"，是一门非常重要的学问

同样的事情，不同的人做往往效率不同。这里固然与个人能力、经验等因素有关，但还有一个重要因素不可缺少，即借势。何为势？势即外力。借势就是借助具有相当影响力的事件、人物、产品、故事、传说、社会潮流等，做出对自己有利的决策，帮助自己更快地达成自己的目标。

比如，我们从北京到广州，相同的路程，但乘坐的交通工具不一样，到达时间一定也不一样。坐火车一般需要一天一夜，坐飞机却只需要两三个小时，方便又快捷。

很多人明明很努力、很拼命，为什么总是不成功或成就有限，很多时候就在于他们没有认识到"势"的重要性，更没有通过"借势"来为自己助力。

你听说过斯科特·罗森吗？他原本在通用汽车公司人力资源部就职，后来由于厌倦了大公司的生活，于1995年辞职创立了罗森公司。这是一家以电话营销为主的公司，罗森聘请了一批营销人员，这些人在工作中互相配合，公司业务量与日俱增，2000年时年销售额高达760万美元。

但是2001年公司遇到了麻烦，公司销售额出现了首次滑落。这时，罗森做出了令人吃惊的决定：他先是解雇了一半的营销人员，后来又干脆解雇了公司的所有员工，决定靠自己的力量东山再起！当大家告诉罗森，这是一个严重错误时，他却安慰自己："我将让他们看见我一个人的营销力量。"他相信，只要自己努力地工作就一定能使公司扭亏为盈、东山再起，于是他每天早出晚归，四处奔走。但是随着市场竞争的加剧，单纯靠一己之力做营销已经显得势单力薄，罗森每天的签单量少得可怜，最终只能无奈宣布公司破产。

快快觉醒吧，这是一个单枪匹马难以存活的时代，资源越来越多地被少数成功人士控制，门槛却越来越高地留给了白手起家的人，善"借"已经成为一门非常重要的学问。借力"伪人脉"，利用"假名人"；善于"见缝"，适时"插针"；与其借"小力"，不如借"大力"；求准一个人，靠准一尊神……这些看起来不起眼的借力哲学，被越来越多的人证实为21世纪的必学技能。

一位善良的人去世了，一位天使来到人间接他去往天堂。善良的人不肯离去，似乎还有未完成的心愿，天使问他："善良的人呀，您还有什么愿望没有完成呢？"

善良的人答道："神圣的天使，谢谢你的仁慈。我马上就进入天堂了，在人间的时候我就听说天堂和地狱是不一样的。我很遗憾没能亲自去参观一下，不知道他们的区别是什么？"

天使笑着说："原来是这样，你即将去往天堂，我先带你去地狱吧。"

天使带领善良的人来到了地狱，不远处飘来一丝香气，他们抬头看到前面有一张很大的餐桌，餐桌上放了一大盆热气腾腾的肉汤，而桌子边围坐着一群骨瘦如柴的人。善良的人心中暗想地狱里的生活不错嘛，天使转头对他笑了笑，示意他继续看下去。善良的人再次看去却发现不对劲儿，每个人手里都拿着一米多长的长勺，争先恐后地想把肉汤送进嘴里，可是无论他们费了多大力气，都无法喝到肉汤。一番折腾下来，每个人还是饥肠辘辘，皮包骨头。

善良的人看到后心中很不是滋味，他又继续跟随天使来到天堂。没想到天堂也有同样的餐桌、长勺和肉汤，不同的是这里的人笑容满面，体态丰腴，拿着长勺把肉汤一勺一勺喂给对面的人。长勺的长度决定了自己喝不到肉汤，对面的人却能喝到。所以坐在桌子两边的人舀到肉汤后就喂给对面的人喝，这不仅帮助了别人，也解决了自己喝不到汤的问题。

天堂与地狱的区别是人与人能互相信任，借用对方的优势实现合作共赢。

地狱里的人都拼命地抢肉汤喝，他们都想自己能喝到肉汤，优先抢占资源。可是他们却没有正视自身的缺陷，没有意识到不合作就不能保障自己在这个环境中生存下去。而天堂里的人互相合作，看清事实。长勺的长度是一个双刃剑，对自身是弱势，对他人却是优势。机智地和别人互相合作，借用对方的长勺优势弥补自己的劣势，不仅，最大限度地获取了资源，还顺利地在环境中生存下去，保障了自身的利益。这一想法可谓是创意十足，别出心裁。有时候就得和别人合作，借用他人身上的优势。只要你认知它，并且利用、驾驭它，就可以事半功倍。

竞争谋略是不讲力气，而是讲劲道，劲道不是力，而是势。"知其力，用其势"，才能够四两拨千斤，以弱敌强、以寡击众。所以，一个人、一个单位、一家企业不能仅考虑"我有什么"，而应该思考"我可以有什么"，要学会规划一切"可获得的资源"，借名、借市、借力、借渠道、借壳等，一切对自己可能有益的资源都可以借来用，从而增强自己的实力。

真正觉醒的人都会借势，借得越多，机会越多。

如果你很有才，一定要让别人看到它

"酒香不怕巷子深"，千百年来我们对这句话深信不疑，可是你知道吗？这是需要前提的，那就是你必须得足够香，你的声名已经在外，即使不用宣传，别人也会慕名而来。这种人一般都是某一领域的大咖、专家、顶尖人物、行业标杆。因为站在金字塔的顶端，你不用亲自宣传，自然也会有人帮你宣传。

站在金字塔尖的人毕竟是少数，对于大部分人来说，我们面对的情况都是"酒香就怕巷子深"的问题。有些人有想法、有能力、有深度，但就是事业停滞、人生困顿，为什么？就是因为没有合适的展现机会，毕竟好酒实在太多了。如何破解这一种现象？如何在人群中脱颖而出，如何让更多的人认识你？

与其坐等伯乐，不如毛遂自荐。

有人问："像我这么有能力的人，怎么总是遇不到伯乐？我很不幸……"

教授答："世上没有怀才不遇的人，要想得到伯乐的发掘，就要主动出击。"

大学开学的班会上，老师邀请有才艺的同学即兴热场，在场的三十多个新同学因为羞涩、紧张等，没有一个人主动上台。魏毅第一个主动站出来，说自己的转音很厉害，并当场清唱了几句。老师对他的评价是：你的转音技巧只能拿70分，但你的态度能得100分。魏毅最大的能力就是走到哪儿都能被别人记住，他从不吝啬于展现自己，因为他清楚如果不将自己推广出去，又怎能让更多的人了解自己，给自己更多的机会呢？无论是班级还是学校活动中，他都敢说敢唱，几个月后他参加了校园十大歌手比赛，经过老师对他的指导，伙伴给出的建议，他不断地调整，最终斩获第一名。

大学毕业后，魏毅在一家婚庆公司工作，跟着一位师傅学习摄影。后来随着公司越做越大，空缺出很多好岗位，老板在公司开会竞聘，说希望大家能毛遂自荐，多为公司做贡献。散会后，魏毅直奔老板办公室，言明自己想为公司发展贡献一份力的决心，更详说了自己为了更好地工作一直研究机器、构图、灯光、PS……他说自己想试试部门总监的岗位，希望老板能给个机会，没想到老板最后真的提拔他成了部门总监，薪水瞬间翻倍。

不少人私下议论，说魏毅这次晋升是走了狗屎运，说风凉话的自然是那些没能升职加薪的人。对此魏毅不以为然地回击道："老板说希望大家毛遂自荐，我只不过比别人主动了些，就如愿以偿地获得了机会，而他们没有勇气去争取机会，却又眼馋于别人所得到的机会，就有了嚼不完的舌根和吐不完的槽。"

活着的价值不是将自己视作一块石头，四面光秃，等待着别人凿开一探究竟，而是将自己最优势的那一面充分展现，晾在太阳下。相反，如果你缺乏主动展示自己的勇气，期待别人能够理解你，依靠别人来发现你的闪光点和优秀的内在，那么即便你身怀绝技，到头来也只能空怀壮志，怀才不遇，即便你是金子也会深埋地下。

觉醒吧，在这个竞争激烈、人才辈出的社会里，如果你想卓越不凡，那么就要将自己亮出来。你想要做的事情，你想要表达的观点，只能靠你自己来表现。一个敢于亮出自己的人是自信的人，也是不断实现自我的人。

这里有一个典型的事例，不妨一看。

巴恩斯渴望能与爱迪生成为商业上的伙伴，可当时的他没有能力、没有经验，只能成为爱迪生手下的一名职员，每个月领固定的薪水。不过，他说："这虽然不是我要的，但我会等到成为爱迪生的伙伴为止。"在爱迪生工作室工作的几个月里，巴恩斯努力去熟悉自己的工作环境，了解爱迪生思考模式及工作方法，并积极主动地对待工作，让这间工作室变得更有效率、更加愉快。

爱迪生发明的东西很多，一次他发明了一个办公室器材——口述机，但是这个长得难看的、市场对之相当陌生的机器非常难卖。巴恩斯深知这对自己应是一个很好的机会，他表示自己有意销售这项产品，正愁产品卖不出的爱迪生欣然同意。接下来，巴恩斯开始拼命地推销口述机，他跑遍了全美各地的大小城市，并最终使口述机得到了推广。销售工作做得相当成功，巴恩斯果断提出与爱迪生签订销售条约。至此，巴恩斯终于成功达成了自己的目标：成了发明家爱迪生的合伙人。

再好的产品，也需要好的营销；再优秀的人才，也需要好的推销。

你的价值由你决定，做好"千里马"，"伯乐"自然来。努力争取展示自己的机会吧，如敢于当众表达自己的观点，主动做一些分外事等。不要觉得这是哗众取宠，多表现自己，不仅能让别人看到你的能力和才华，也能不断地提升自己，不停地激发自己，这是开启无限可能的基础。

伟大的事业，要和伟大的人一起做

人，是环境下的产物。什么样的环境，造就什么样的人生。

在某家医院里，两个准妈妈住在同一个病房，不同的是其中一位是个音乐家，另一位则是麻将迷。同一天，两个妈妈都各自生了一个女儿。在医院里，一不小心，这两个妈妈把女儿抱错了。若干年后，两个小女孩同时进了一所学校，那个真正麻将迷的女儿拥有一副好嗓子，唱歌唱得非常好听；而那个真正音乐家的女儿却迷上了麻将，不用眼睛看，只用手指"摸"就能知道是什么牌。

这，就是环境！

俗话说"近朱者赤，近墨者黑"，你今天虽然没有下岗，但如果你身边的人几乎都是下岗的人，每天都跟你谈些下岗的事，你早晚有一天也会下岗；你今天虽然没有钱，但你身边的人如果都是有钱人，哪怕你一辈子只有李嘉诚、比尔·盖茨两个朋友，迟早有一天，你也一定会变成有钱人！

如果你仔细观察，你会发现，成功者总是扎推出现。为什么会出现这种现象？一位成功人士有过这样一番表述："人之间其实是会相互影响、相互塑造，产生了终身受益的智慧、理想、学风、品格和人格。"

如果你的身边没有成功者，那可能造成的结果就是你很难有机会挤到成功者的圈子，也很难和他们一样有一番作为，人与人之间的差异会达到完全超过你的想象。作为普通人，如果你渴望改变自己的现状，一定要及时行动，换一个环境，换一批朋友，特别是要多与优秀的、积极的、成功的人士在一起。

悦子是某大型汽车4S店的销售员，连续几年荣获店里的"金牌销售"称号，根据多年的销售经验，毫不夸张地说，他有70%以上的销售业绩都是凭人脉完成的。"我最大的优势就是人脉"，悦子说："你认识谁，比你是谁更重要，这句话说得太多了。从进入这个行业的第一天起，我就开始着手构建自己的人脉网，我通过参加行业顶尖会议、MBA课程等多个途径认识了许多这座城市的顶尖人物，他们都会照顾我、帮助我，于是各种各样的机会就来了。"

这家4S店的经理是一位特别睿智、成熟的人，想问题、办事情都很周全。悦子当时是个小小的实习生，很多事情都不懂，也常常有搞砸的时候，有时会无意识地和客户说错了话，不小心惹客户生气等。经理却始终态度温和，耐心地教悦子如何去处理问题。悦子便开始有意地向经理靠拢，学习他的思维模式，行为习惯，慢慢地，他发现自己不再出现之前那种低级错误了，整个人也越发通透和成熟起来。

工作一段时间后，悦子熟悉了汽车销售的流程，学会了推销的技巧，可是他认识的人太少了，业绩很不理想，收入非常低微。怎么办呢？悦子冥思苦想。当他听说市区有一家高尔夫俱乐部后，他的主意来了，尽管那里的入会费高得惊人，他还是坚持加入了该俱乐部。该俱乐部拥有300多个会员，这就意味着悦子有了300多个潜在的客户，而事实也证明，这些会员有很大一部分都成了悦子的客户。更重要的是，这些人聚在一起时谈论的是机会，赚的是财富，这让悦子增长了不少见识，也使他总是保持斗志昂扬，积极进取的状态，那种状态和之前是完全不可同日而语的。

与此同时，悦子还积极地参与同学聚会，后来听一位大学同学说，母校准备举办百年校庆，悦子还专门请假参加了这次活动。母校中的佼佼者几乎全都参加了那次活动。悦子借机认识了后来给予自己职业生涯巨大帮助的几个朋友，虽然刚开始只不过是聊聊天而已，后来日渐熟悉成为好友。通过与这些朋友的沟通和交流，悦子创业的想法越来越成熟，开始着手成立自己的汽车服务公司。其间，由于多年积累的广泛人脉，悦子得到了许多朋友的帮助，有人帮他做广告宣传，有人帮他介绍生意，还有一位创业的朋友提供了大量宝贵的经验，这使得悦子少走了很多弯路，公司很快就走上了正轨。

　　和什么样的人在一起，就会有什么样的人生。和勤奋的人在一起，你不会懒惰。和积极的人在一起，你不会消沉。与聪明的人同行，你会不同凡响。生活中最不幸的一件事就是，由于你身边缺乏积极进取的人，缺少远见卓识的人，你因此也一直缺乏动力，没有机会改变，人生变得平平庸庸，黯然失色。

　　明白了这些，你就赶快行动吧。不管你处在职业的哪个阶段，寻找并结识优秀的人都是宜早不宜迟的事，最好是和你的事业同时起步。记住，学历、金钱、背景、机会……也许这一切你现在还没有，但是不要紧，只要你拥有掌握这些资源的朋友就行了，一切慢慢都会有的。

幸运的密码就在你的选择里

为什么有人总是失败，有人却总是成功？

为什么倒霉的人老倒霉，幸运的人总幸运？

为什么有人奋斗多年，到最后什么都没有？有人短短一两年时间就能成为人上人？

其实，这些幸运儿的密码就在他们的选择里！可以这么说，人的一生都在做选择题——选择走什么路，选择什么人生态度，选择和谁在一起……成功人士与失败者的差别，并不光是努力工作的程度或是够不够聪明，而在于一个人是否会选择！

比如，大学期间很大程度上都是要靠自学的，除了学校安排的几门课程，有将近一半的时间是属于自己的，那么你会用这样大比例的时间做什么？有人选择自律地学习，有人则选择放纵青春，玩游戏、睡懒觉等，四年的时间如同白驹过隙。进入社会后，前者因积累了各方面的能力往往能够脱颖而出，遇到的各种机会越来越多；后者则往往随意而且缺乏责任心，做事拖沓，效率不高，机会也少。

大学时期你选择的专业，很大程度上影响了你以后生活的圈子；你选择的第一份工作，很大程度上会影响你后面的整个职场生涯；你选择嫁的那个人，很大程度上影响了你婚后是什么样的生活……今天的选择决定明天的结果，所以我们常常说的好运气其实是在正确的时间做出了正确的选择。

佟文和胡迪是同事，二人年龄相仿，各方面能力相当，在公司宿舍同一个房间住，但她们却过着不同的人生，佟文似乎比胡迪幸运得多，有美满的恋情，职位也不断提升，而胡迪则是一个事业停滞的单身一族。为什么会这样？宿舍附近有一个公园，佟文每天坚持晚饭后去公园跑步，胡迪则猫在被窝里追电视剧。没多久，佟文在公园跑步时，一个阳光帅气的男孩子主动搭讪，一来二去，二人就开始恋爱了，之后每天晚上一起跑步。胡迪梦想着有一天也能收获这样的爱情，她也有过短暂的挣扎：要不要和佟文一起去跑步，自己正在追的电视剧已经到十几集了，现在放弃就看不到大结局，不行，还是要看完。她每天晚上总是猫在被窝里追剧，自然也没有机会在公园认识一位有缘人。

一段时间，公司派胡迪到邻省出差一个月，这个机会千载难逢，可以获得更好的发展，还有可能成为部门主管。然而，胡迪想到出差很辛苦，现在的收入已经很稳定，生活也有条不紊，她思考了半天，还是拒绝了公司的建议。后来佟文主动选择了这次出差机会，10个月后公司内部进行调整，佟文升为部门主管，胡迪依然是部门普通员工。当胡迪怒气冲冲地去找老板理论的时候，老板却振振有词地说："我当初给了你机会，是你没有选择，要怨的话，你只能怨自己。"

我想改变现状，但又力不从心，我是应该鼓起勇气冲破险阻，还是放宽胸怀承认现实？

我想去外地工作，但有人说外面辛苦还挣不到钱，不如在家里享安乐，我该怎么选？

我遭受了失败的打击，应该用毅力坚持下去，还是用自省的态度放弃它？

我想发表自己的意见，但可能会招来非议，我应该积极表达想法，还是该多听少讲？

我是先成家后立业，还是先立业后成家？

……

面对以上种种问题，你会如何选择？这些选择并没有对错之分，不管你选择了哪个方向，都是对的选择，因为这符合你的心愿，但是你的每一个选择，都是在创造自己的命运，你必须学会为自己的选择负责。

临近大学毕业时，最令红晓头疼的就是工作问题。因为她是独生女，父母希望她回到老家所在的小城市安安稳稳地工作，但她想留在大城市轰轰烈烈地拼搏。为此，不仅父母轮番给她做工作，父母还叫了亲戚和她的朋友给她做工作，用种种方式向她施加压力，但红晓却坚持留在北京。一没钱，二没关系，想要在北京打拼出一片天地，谈何容易。为了生存下去，红晓什么苦活儿、累活都干，而且做事认真踏实，她的成长非常快。老板很欣赏这种有上进心的员工，屡次提拔红晓并给其加薪。

再后来事业正顺风顺水时，红晓却辞职成立了自己的公司，因为她不想打一辈子的工。其间，一个投资项目出现了很大的决策失误，给公司造成了极大的经济损失，资金严重短缺。面对这一变故，别人都说红晓不该辞职，红晓却没有后悔，她把自己从银行的贷款和向朋友筹措的资金全部投入公司，为公司的继续运营注入了力量。凭着这份坚忍，她挺过了那段艰辛，扛住了一切。当别的同事还在朝九晚五奔波，担心某天会失业时，红晓已经成为时间自由支配、主宰别人去留的大老板了，她说："自己选择的路，跪着也要走下去。很高兴，这一路虽然走得艰辛，我却很有成就感。"

一个人无法选择自己的出身，但是可以选择自己的命运。选择的正确与否，是优是劣，则能直接决定一个人的命运。人生在于选择，会选择的人，可以更快地获得成功、幸福等机会；不会选择的人，再怎么努力也容易陷入失意、痛苦之中。因此，我们无论做什么事情，都要懂得选择的智慧。

当面临选择的时候，我们需要考虑机会成本。所谓智慧的选择，就是不要让自己掉进沉没成本的深坑和避免付出高昂的机会成本。

什么是机会成本？下面这个例子就能形象地说明。

一个作家坐电梯到楼下的时候，才突然发现钥匙丢在了房间里。此时，作家面临两个选择：一是拿一根长长的竹竿在窗户里把钥匙给挑出来，不花一分钱，称为A方案；二是让开锁师傅来开门，花50元，称为B方案。从付出的实际成本而言，应该是A方案划算，但这位作家却毫不犹豫地选择了B方案。半小时后，开锁师傅来了，前前后后花了不到10分钟，他就打开了房门。

对此，作家给出的解释是："选择A方案，也许我会成功，但说不定一不小心打烂玻璃或者其他什么东西，更重要的是，我就得放弃在这段时间里去写一篇稿子。写一篇软文稿3000元，看着好像A方案没有花一分钱，其实我却为此付出3000元的机会成本，那就不划算了；选择B方案，我付给开锁师傅50元，但他却能快速解决问题，我得以有时间完成一篇软文。所以，在B方案中看似我付出了50元的费用，其实我真正的收益为3000-50=2950。哪种选择更好，一目了然。"

每个人做选择的根基就是他的价值观，价值观不同，就会做出不同的选择。一般来说，价值的大小又是相对的，比如，诗人裴多菲在生命、爱情和自由三者中毅然选择了自由，因为他明白没有自由，生命和爱情也就失去了意义和价值；孟子在鱼与熊掌不能兼得时选择了熊掌，因为他觉得熊掌更为稀罕。

可见，机会成本就是你做出一个选择，就可能损失另一个机会的成本。当某些事让你难以选择时，不妨考虑一下机会成本，选择最高价值的选项，而放弃选择机会成本最高的选项，即失去越少越明智。如此，做出的选择结果会更优，也更能让自己满意和获利，幸运之神也就会敲响你的门！

第九章

做个清醒的自己，
不必和别人一模一样

———————

　　众，是人的指南针，可它却不一定总是指向正确的方向。总是跟着别人亦步亦趋，容易沦为别人的附属，不会有脱颖而出的一天。每个人都是社会的一分子，也是一个独一无二的个体。不必和别人一模一样，做一个思想清醒的自己，特立独行的自己，方能找到自己的一片天。

———————

习惯于"随大流"，你的生命力将趋向于零

文敏高二面临文理科分班，她很清楚自己的状况，对于文科她是由衷地喜欢，而对于理科，她丝毫没有兴趣，只能硬着头皮去学。但周边的同学都报了理科，大家的意见是理科的高等院校多，相比文科来讲升学要容易；理工类男女比例失调，女孩子学习理科，将来就业面会更宽，更找工作……"随大流，不挨揍"，在这种随大流思想的影响下，文敏虽然有些犹豫，但在填写相关表格时，还是在"理科"那里打了个对钩。

随大流的弊端很快就暴露出来了——文敏学习理科时不仅很吃力，而且高考成绩也不理想。报考志愿时，文敏想选择自己喜欢的摄影，但父母亲戚都说，摄影这个专业太生僻，不如随大流选择热门的师范类，女孩子最适合当老师。就这样，文敏又随大流学了教育学，结果毕业时发现太多人在抢这个"饭碗"，文敏又没有特别明显的优势，面试了几个学校都不成功，她也因此备受打击。

因为迟迟不能就业，文敏后来听说做销售很赚钱，她就暂且在一家保险公司当了业务员。刚到公司上班，文敏就发现公司里不少人不敬业，对本职工作不认真，得过且过，他们不是抱怨工作难做，待遇太低，就是利用办公时间打私人电话……文敏一开始很不能接受这种职场行为，但一想到大家都这么做，也就释然了。"随大流，不挨揍"，这句话总是在她耳旁响起。于是，文敏也学着这个样子，做一天和尚撞一天钟。

文敏对现状心有不满，但从不要求改变，因为其他人也是这样生活，结果她活得越来越平庸。

这个案例反映出人们的一种本能——随大流。

随大流，不用思考，不用担责，不怕批评，不被指责，与众人同甘共苦，要对一起对，要错一起错，反正大家都一样，这看似容易成功，却只会束缚自己的思维，扼杀自身的潜能，抑制个性的发展。虽然随大流就是平庸这个说法未免有些太过绝对，但一个人只要沉溺在大流中，就注定不会让自己脱颖而出。

在每个人的心灵深处，都隐藏着渴望被他人认同的愿望。然而，一个人要想有所作为，就不能盲目地随大流。对于一个已经觉醒的人来说，在大众都随大流时，他们则会清醒地走自己的路。

十多年前，她刚刚从学校毕业步入了社会，体会到了找工作的艰辛，对于来之不易的工作她格外上心，工作也很努力。当时她正值青春年华，周围的女孩每天都在忙着打扮，忙着逛街，忙着交友，忙着恋爱……她却每天穿梭在单位和家之间，日子很是枯燥。有不少朋友拉她出去玩，并一再劝说她"年轻人就要活得精彩，才不算辜负青春"，可每一次她都以工作忙、工作重要为由推脱。渐渐地，大家也发现，她每天除了忙工作之外，闲暇的时候还要给自己"充电"。大家都觉得她这个人无趣，不合群，于是渐渐地便没有人再来打扰她。

她大学学的建筑专业，注定终日要与密密麻麻的图纸和工具书打交道，而且经常要顶着烈日去建筑工地，与男同事们一起搜集第一手资料。有人劝她："建筑行业不是女孩子能干的，你一个女孩那么拼命干什么，迟早要嫁人的，像大多数人做个贤妻良母多省心省力。"可她比谁都清楚，在这个以男性占主导位置的行业里，如果不付出极大的努力和耐力，很容易就会被淘汰。所以，那些看似平常的娱乐活动在她的生活里都被彻底取消了，休息的时间也是一缩再缩，她把节省出来的时间全都用在了工作和学习上。就这样，同事们看到这个全集团最努力、最个性的女孩儿很快地成长起来了，用了不到10年的时间，她就从最底层一路走到了集团的高层，令周围人刮目相看。

不久之后，她所在集团公司竞标到了一个庞大的工程，而她则主动请求担任这项工程的总工程师。同行们简直不敢相信，毕竟女人比男人力气小、承受能力差，在这个行业很少能当上领导，便劝她和那些女同事一样跟在男同事手底下干点儿轻松的活儿就行了。但对此，她并没有放弃，也没有过多的解释，只是默默地扛着压力，开始了工作。大家的担心不无道理，这项庞大的工程每天都有新问题出现，让人忙得连喘息的工夫都没有。她每天东奔西走，恨不得一天能有48个小时。为了做好工作，天生爱美的她竟然决定在工程结束前，绝对不在工地上穿裙子，原因是穿裙子比穿裤子行走要费时间。于是，大家后来看到她经常穿着工装，把所有的精力都投入这项工程中。随后的几年里，她几乎每天都盯在工地上，一刻不敢停歇。

如今，每天有很多人都会为她和她的伙伴们建造的工程惊叹不已，她的名字叫陈蕾，那个万人瞩目的建筑杰作就是"水立方"。

谁说女孩的世界只有穿衣打扮？谁规定女人得做个贤妻良母？哪怕那是一段让太多女人望而却步的黯淡前景，陈蕾都没有一句抱怨和哀叹。她坚持做自己的选择，其间她通过自己的努力和积累，慢慢让自己变得和别人不一样，越来越不一样，越来越优秀，最终没有泯然众人，且活得更精彩。

网络上有这样一段话很流行，也很经典："你随大流，你看着别人在玩，你也跟着玩，别人怎么做事情，你也怎么做事情，你认为这就是社会，可你并不知道，这是社会的底层。你想走上金字塔的顶端，你就得跟大众不一样，你就得出格。当别人说你是疯子的时候，你就离成功不远了。"

明白了这些，你就该相信，不想千人一面，就不要随大流，要特立独行些，等你成功的时候，你就是那个引领者。打个比方，这就像你在山脚下找到了一条路，慢慢爬到山顶的过程中，最初你是不会被人发现的。但当你到了山顶，别人会发现山顶有这么一个人，然后大家也会想去爬爬这座山。

这就是个不随大流就是另类的社会，要么你脱颖而出，要么你平庸一生。

从现在开始，觉醒吧。

别人走成功的路，也许你就走不通

一个青年来到一片沼泽前，正想着如何通过时，看到不远处有一行脚印："有脚印，说明有人走过，别人走过的，自己再走，肯定没有问题。"于是，青年没有迟疑，顺着那串脚印走进了沼泽。结果是，他再也没能走出来。接下来的几天，又有三个人选择与那位青年一样，结果也是一样的。直到第四天的晚上，下过一次大雨，那行脚印不存在了，才有人安全地通过了那片沼泽。

这个故事说明了一个道理：别人走成功的路，也许你就走不通。

为什么？尺有所短，寸有所长，大千世界，人生各异，别人认为好的东西，到你这里或许就是糟粕，正所谓"甲之蜜糖，乙之砒霜"。听惯了别人关于成功的经验之谈，可是成功似乎于你还是遥不可及。为什么？那就问问你是否选择了适合自己的路？如果别人走的路不适合你，你走得再努力也枉然。

每个人的人生都各有其道，不同的环境，不同的生活，造就不同的人生。别人能走的你不一定能走，别人不能走的或许正适合你走。所以，我们不应该总是试图跟着别人的脚步走，而应该努力找到属于自己的那条路。相信只要在适合的路上坚持不懈，永不放弃地努力，你终会走出属于自己的坦途。

王寰的表姐家境普通，但她从小学习刻苦，成绩优异，大学时被保送到法国学习，回国后顺利留校任教，高薪高职，后来她又和一位教授喜结连理。每每提及表姐，王寰的妈妈都不禁感叹，并天天督促王寰也要通过学习改变命运。但王寰从小不喜欢甚至讨厌上学，学习成绩一直是班里倒数，为此妈妈非常着急，给她找了不少家教，可是王寰就是学不进去，一看见书就头疼。高中毕业后，王寰和妈妈说自己实在不是上学的料，不要在自己身上浪费钱了，她想辍学到美容店学美容技术。

妈妈动员了几乎所有的亲朋好友对王寰进行规劝，大家又是讲道理，又是恐吓，最终都是无济于事。王寰就这样结束了自己学生时代，到一所美容院当了学徒。出现兴趣使然，以前讨厌学习的王寰现在却很勤奋地研究分析不同肤质的特点及各种美容产品的特性，没有多久就变成亲戚中的美容顾问。3年后，王寰和同事合伙开了一家自己的美容店，秉承着"顾客就是上帝"的理念，生意越来越好。现在的王寰住着洋房，开着宝马，美煞旁人。

多少人都认为，一个人不好好读书，人生一定很失败。可是对于一个不爱学习的人来说，即使勉强读下去，也不会有多大成就。王寰用自己的经历证明了自己选择学习美容这条路是正确的，她在适合自己的路上走得越来越远，越来越好。可见，人生没有最好的路，只有最适合自己的路。适合自己的路，才是最好的路。

有时我们崇尚才华横溢的作家，崇尚为祖国争光的体育健儿……可羡慕终归是羡慕，我们一定要了解自己，将自身力量发挥极致就可以。打一个形象的比喻，如果你是一只蚂蚁，就别幻想和大象一样力大无穷，不如勤奋去做好自己能做的事，如建造一所完美的蚁巢；如果你是一艘龙船，就不要渴望在陆地上畅通无阻，不妨在海上长风破浪，挂帆远航。

当你选择适合自己的路，就能把自己变成最好的。

不要让别人一直安排你的人生

安盛是朋友圈里混得不错的人，他和妻子从小青梅竹马，如今结婚5年，有了一对活泼可爱的儿女，而且他子承父业，有不大不小的公司，并在公司任副总，吃喝不愁，日子看起来很是完满幸福。但安盛却经常在醉酒后，跟朋友们哭诉："我什么都有，却还是很孤独。"那么，他的孤独之感，从何而来？

安盛出生在南方的一个小城市，父母很早就开始创业，经济优渥。高考填报志愿时，安盛想学自己喜欢的建筑业，但父亲对他说："你学商科吧，我和你妈把公司做到现在不容易，都是自己摸爬滚打，也没什么专业知识，你学好了，正好回来帮我们。"父亲是不怒自威的人，从小到大安盛都不曾敢反抗，于是他听了父亲的话，学了商科。在上大学期间，安盛经常在密密麻麻的文字中犯错，也实在对那些商文上的条条框框提不起兴致，就这样经常一上课、一翻书就睡着。

安盛阳光帅气，大学时和一个女孩一见钟情，但这场恋情一开始就遭到了父母的反对，因为这是一个东北女孩，父母认为两家距离太远，在一起不太实际。而且，家里早给安盛安排好了结婚对象，那是母亲一位好友的女儿，母亲说："你俩从小一块长大，彼此知根知底，而且我们两家经常有生意上的合作，强强联手再好不过。"安盛一开始还坚持，但耐不住父母的一再劝说，最终和女友分手了。

毕业时，安盛看到不少同学都留在学校所在的城市工作，他也想留下来，毕竟在这里生活了4年，留下了不少青春记忆。当他又一次试探着跟父亲商量，父亲只淡淡地说了一句"回家"，就挂了电话。想到父亲的严厉，安盛犹豫再三，还是如父母所盼，回老家结婚、在自家公司上班、熟悉业务，如今已是第六个年头。安盛觉得自己就像一部设置好程序的机器，不停歇地运行，也常常对自己觉得陌生："这是我吗？"

一些人的人生一直被安排，读书、工作、婚姻……一路被安排的人生不能说不好，至少不用考虑太多，只要按部就班地进行，也不会有太大风险和挫折。可是习惯了被别人安排，不再有自己的主见，不再去抗争，不能按着自己的意愿而活，那活着又有什么意思？就这么虚度这一生，会甘心吗？

人终究会有觉醒的一天，一旦觉醒便是心灵煎熬之时。

被迫做自己不喜欢的事情，这样的体验很多人都有过，如这辈子工作不是自己想要的，爱人不是自己想嫁的或想娶的。一个人拥有着自己的身体，却把心的主宰权交给了别人，也许是父母，也许是领导，也许是妻子或丈夫，这样的心身相离，内心又怎么不孤独、迷茫、痛苦？

是听从别人的安排，还是由自己做主？是逆来顺受，还是大声抗议？是接受命运的不公，还是打败命运？如果你不想对这个世界投降，那就起来抗争，不要再让别人安排自己的人生，学着自己做主。

从呱呱坠地开始的三十多年来，楚门一直生活在一座叫海景镇的小城，他是这座小城里的一家保险公司的经纪人，看上去似乎过着与常人完全相同的生活。但后来，楚门吃惊地发现，自己居住的小镇其实是一个庞大的摄影棚，他是一部火热肥皂剧的主角，生活中的每一秒钟都有上千部摄像机在对着他，每时每刻全世界都在注视着他。他的亲朋好友和他每天碰到的人全都是演员，他身边的所有事情都是导演安排好的，甚至哪天晴天哪天下雨都是安排的。

当得知真相时，楚门不只是有被愚弄的愤怒，还有不寒而栗的恐惧，他决定离开这里，去寻找属于自己真正的生活。这时，这个肥皂剧的制作人、导演和监制大权于一身的克里斯托弗，告诉楚门他如今已经是世界上最受欢迎的明星，他今天所取得的一切是常人无法想象的，如果他愿留在海景就可以继续他的明星生活。如果他选择离开，那么一无所有。

是选择继续浑浑噩噩地过一生，还是走出去，过真正属于自己的生活，楚门毫不犹豫地选择了后者。他深深地一鞠躬，对着导演以及所有一直关注自己的观众说："假如再也碰不到你……祝你早安、午安、晚安……"然后从容地走向身后那扇通往外面的门。那扇门后一团漆黑，那是一个不可预知的世界，但楚门却没有回头。

这是美国电影《楚门的世界》里的故事，楚门为什么要不惜一切代价逃离海景镇？"我不需要完美的生活，但要真实；我不需要大量的财富，但要快乐。我将拥有一个属于我自己的，而非别人安排的人生！"也许楚门在剧中的这句话可以作为上面问题的答案。

命运掌握在别人的手里，总不是一种美好的体验，没人喜欢被别人一直操纵的人生。追求自己想要的生活，活出自己想要的样子，如此才能实现对自我价值的确认，给自身带来极大的快乐与满足。在这个过程中，也许会遇有许多困难，也会遭遇许多艰辛，但起码这里真实无比。

效仿别人，不如演绎最真实的自己

在日本流传着这样一则小故事：

一位男孩从小练习书法，也特别喜欢书法，先后创造出了不少作品。9岁时他参加日本青少年书法展，四幅作品以1400万日元的高价被人收购。当时日本最著名的书法家小田村夫对小男孩的作品也赞叹连连，并预言"这将是日本未来书坛上的一颗璀璨新星"。谁知，这位"小神童"并没有成为"璀璨新星"，居然渐渐地销声匿迹了。

这是怎么回事？小田村夫带着疑问专门前往拜访，在看了这位天才书法家后来的作品之后，他不禁仰天长叹。原来随着中日两国文化交流的频繁，东汉书法家王羲之的书法作品东渡日本，王羲之典雅的笔风博得了许多日本人的喜爱，也包括这位男孩。男孩带着仰慕之情开始临摹王羲之的书帖，甚至达到了以假乱真的水平，并以此为最大目标。结果他本身的特色被磨得一无所有，也完全没有了特色和创意，结果自然没能脱颖而出。

一个天才因模仿另一个天才而成了庸才，多么令人惋惜。

那么，你又是否正在做着类似的蠢事呢？反观我们的生活，有多少人渴望成为别人，因羡慕别人的天赋、成功等，亦步亦趋地效仿他人的样子，就连言谈举止、说话腔调都要模仿别人。结果呢？自我的价值被否定了，又没有过人之处，这正是人们庸庸碌碌、平平凡凡的根源所在。

被誉为20世纪最伟大心灵导师的戴尔·卡耐基曾说："在这个世界上，你是一种独特的存在。你只能以自己的方式歌唱，只能以自己的方式绘画。你是你的经验、你的环境、你的遗传所造就的你。不论好坏，你只能耕耘自己的小园地；不论好坏，你只能在生命的乐章中奏出自己的发音符。"

是的，每个人都是独一无二的，世界上没有相似的两个人，即使孪生姐妹或兄弟也不会相同，这是千真万确的真理。一个觉醒的人会明白，别人的东西再好也是别人的，终归不属于自己。要活出属于自己的辉煌人生，就要勇于面对自己的不同、认同自己的不同，谁也不模仿，坚持做自己。

一个女孩一直有个当演员的梦想，为此她寻找一切机会学习表演，接受相应的专业培训。然而，很多人都给了她否定意见，原因是她的个子太高，臀部太宽，鼻子太长，嘴太大，下巴太小，不像其他女演员一样拥有漂亮的脸蛋、性感的身材。一个制片商甚至直言不讳地对她说："你不是当演员的料，如果你真想干这一行，除非把你的鼻子、嘴巴和臀部等'动一动'，像一个女演员才行。"

尽管女孩很想进入演艺界，但她断然拒绝了整容的建议，她回答道："鼻子、嘴巴和臀部都是我身体的一部分，我为什么非要长得和别人一样？像其他女演员才行？"女孩没有因此放弃自己的理想，而是认真地钻研演技，拿捏表演的分寸，最终她凭借炉火纯青的演技，获得了奥斯卡最佳女演员奖。

那些关于"鼻子"、"嘴巴"、"臀部"等的非议也消失了，这些特征反倒成了衡量美女的新标准，女孩还被评为20世纪"最美丽的女性"之一，她就是意大利著名的影星、"女神"索菲娅·罗兰。后来，索菲娅·罗兰在其自传《爱情和生活》中写道："我知道自己是独一无二的，我知道什么样的化妆、发型、衣服和保健最适合我，从事影视业以来我谁也不模仿。"同时她还说："每个人都是独一无二的，如果你能够将自己独特的一面展现出来，那么你的魅力也就随之出现了。"

索菲亚·罗兰之所以能够取得如此辉煌的成绩，就在于她没有去模仿那些已经成功的女演员，而是坚持做独一无二的自己，结果她的魅力变得独一无二，也最终取得了比其他女演员更显著的成就。

如果你一直不出众，如果你想改变现状，那就觉醒吧，不要再将目光放在别人身上，重新审视自己，发现自己并坚持自己。做独一无二的自己，因为我就是我，谁也无可替代。做独一无二的自己，活出自我本色，做命运的主宰者，相信你会在自己的世界里看到最美好的时光。

我们不必把自己的独特性掩藏在人群中

人最怕失去的是什么？

是金钱、名利吗？是青春、时间吗？

答案统统是否定的，人最怕失去的是自我的个性。

我们常说"个性决定命运"，个性是什么？个性是一个人比较固定的特性，这可以从言谈举止、为人处世、思想品格等方面表现出来，而且个性是与别人所不同的地方，"这个人"绝非是"那个人"，是一个人的记号或标志。永远不要放弃个性，因为一个人一旦放弃了个性，也便意味着放弃了自己。

若晴自幼就被父母教育要做一个低调懂事的孩子，脾气要好，性情要温和，凡事要为别人着想。为此，她小小年纪就学着压抑自己，隐藏自己的真实需求，她从不会哭闹，平时会主动照顾妹妹，有喜欢的东西也不敢和父母要，会默默着忍着，努力变成父母要求的样子。她知道父母工作辛苦，每天放学一回到家就安安分分写作业，她生怕自己哪里不够好再给这个家添乱。在学校和同学一起玩耍时，她也总是被欺负的一个，争吵辩论总是先妥协的那一个，即使心里觉得他们不对，她也会小心翼翼地附和着，因为不想别人受伤，因为总觉得别人心情不好，所以情有可原。长大后，在单位和同事在一起时，她明明讨厌当垃圾桶却还是默默倾听，明明有反对意见却还是附和着，有时被老板无缘无故怼一顿，也默默地承受着。

若晴总是被别人夸说性格好，脾气好，很随和，她以为这样的自己肯定人缘好，却不知道大家背地里经常不屑于这种无棱角的做派。譬如，有一次，单位要提拔一名员工做储备干部，若晴本以为自己有希望，却得知同事和老板统统没有考虑她，他们的意见是，这个人没个性，立场模糊，原则性也不强，太懦弱，这样的人在人群中没有一点存在感和影响力，怎么可能当好领导？

一个失去个性的人，就像是在水里的鹅卵石，圆溜溜，没有任何棱角，没有攻击性，没有威慑力。一个觉醒的人绝不会把磨平自己的个性当作"磨炼"，为了适应他人和环境而委屈和改变自己，他们有着强烈的自我追求，热爱自由和个人的人格尊严，如此更能活出真性情，成为人群中的佼佼者。

贺兰被空降到某公司当行政主管，她满心期待地打算大干一场，却发现市场部员工互相包庇的现象普遍，如A迟到时B会替其签到，B无故旷工时考勤表上依然全勤。当贺兰向市场部经理提出这一现象时，谁知对方却不以为然，说市场部工作不容易，大家都是给老板打工的，睁一只眼闭一只眼。还说，以前的行政主管对市场部就很宽容，每年能拿到几千块钱的感谢费。贺兰义正词严地指出这是一种失职行为，谁知市场部经理背后居然联合所有下属和同事排挤她。

这事要是搁一般人或许表面笑靥如花，背后虚与委蛇、明枪暗箭，可贺兰却开门见山地和市场部经理说："我希望大家好好配合我工作，否则我就向上级领导举报你们。"如此分明而强硬的态度，令市场部经理只好表示以后公事公办。对于那些底下的员工，贺兰的原则性与执行力也很强，处理问题也不敷衍，不圆滑，有谁迟到或无故旷工了她就会一一标明，月底发薪时该扣的扣，该罚的罚，那些行为难免给人苛刻之感，一开始自然都会遭到大家的排斥。但很快大家又发现，当员工有好的表现和突出成绩时，贺兰也会主动地向上级反映，为员工争取应得的利益……这样的结果是，大家的进步都非常快，薪水都有所提升了，工作积极性更高了。

对此，贺兰感慨地说："干脆利落，正大光明，不圆滑，不曲意迎合，不摒弃初心，这就是我的个性。可能一开始会遭遇种种难题的考验，当你强大到一定地步时，你就不需要融入任何环境，迁就任何环境，也不需要通过小心翼翼地猜测和揣摩去把握别人的心思，来达到自己的目的。不管别人怎么看待你，你都能把事办成，那么环境自然就会主动融入你，大家也自然会尊重你、听从你。"

当你羡慕别人的天赋、成功时，当你感到迷茫、困顿时，也许是因为你暂时尚未发现自己的个性，不确定自己到底要追求什么。那么，从现在起，你不妨拿出一张纸来，问问自己："我的个性是怎样的？""我是否有与众不同的地方？""我的天赋是什么？"……把你的答案写下来，多多益善。

当你心中已经有了答案，就不要浪费一分一秒，好好发挥并保持自我的个性吧！

如果你在坚持个性的道路上走得很艰难，纠结又彷徨，那么不妨先找到一两个和你个性相同、三观一致的人，他们会由衷地理解你并给予你鼓励和支持。

做你想做的事，而不是别人认可的事

作为一个社会人，每个人都会本能地希望得到身边人的赞同和认可，同时会衍生出一个特性，那就是自己做什么都要考虑别人怎么看，是否认可。这样无可厚非，不过我们更要清楚，太过在意别人对自己的看法，万事总想着别人怎么看，这样就比较难认清自己的本意，容易导致失去自我，消灭我们往前迈进的勇气，导致一生的困顿。

米杉是刚进入大学的大一新生，她是一个生性比较内向的女孩，喜欢一个人安静阅读，但当她一个人捧着书籍的时候，她听到旁边传来舍友取笑自己的话："米杉哪里像一个大学生呀，倒是像一个孤傲的书呆子。你看我们多好，参加各种社团活动，既锻炼了各方面的能力，又增长了见识，丰富了生活。"

听了这样的话，米杉觉得虽然人家的话不好听，但却不是没有道理。于是，她也开始和大家一样积极参与社团活动。可是，这一次还是有人议论她："快来看看，米杉报了好几个社团，看来她不是一个骨子里多么安分的女生，以前她只不过是装作很爱安静、很爱读书的样子罢了。"

听别人这么一说，米杉不知所措了，既伤心又迷茫，于是满脸愁苦地向自己的导师求教："老师，我最近很纠结。当我一个人安安静静读书时，有人说我是孤傲的书呆子，应该多参加社团活动；当我积极参加社团活动时，又有人说我骨子里不安分。那您说我到底是一个什么样的人，又该如何做呢？"

导师没有正面回答米杉，而是反问道："你是如何看待自己的？"

"我……"米杉一脸茫然，不知如何回答。

导师解释道："你就是你，你究竟是怎样的你，在于你怎么看待自己。"

显然，导师是在告诉充满困惑米杉：希望她学会看重自己的思想，不必苛求别人对自己的认可。

每个人都有独立的思想与意识，每个人站的角度不同，出发点不同，所得出的结论自然也就不太一样，正可谓"一千个人的眼睛里有一千个哈利波特"。即使你再怎么努力，也不可能让每个人都满意。当你话多的时候，别人说你不懂得矜持；当你话少的时候，别人又批评你太过于孤傲……

既然这样，我们就应该做自己想做的事，而不是被别人认可的事。每个人都有专属于自己的人生路，周围的人只能给你意见。你只需有好的辨别能力，做出最利于自己的选择即可。即使目标已定，但走一条什么样的路，走多远的路，走路时的姿态以及走路时的心情，则全然由我们自己来控制。

有一个女孩，她从小就比同龄的女孩胖很多，但她却每天穿着鲜艳的衣服，打扮得漂漂亮亮。有人建议她应该穿黑、灰、蓝等显瘦的衣服，有人建议她平时要少吃多运动，但她却每天过得怡然自得，想吃什么吃什么，想穿什么穿什么，在她看来，肥胖也没有什么了不起的，自己过得快快乐乐才有生活的乐趣。

她爱唱歌并报了一个音乐班，但很多人却不看好她，认为她的形象不过关，的确后来她也因为体型常被唱片公司拒绝。可她很知足，她就是喜欢唱歌，只要自己开心，别人怎么看又有什么关系！在外形和容貌不被看好的情况下，她认真唱自己想唱的，她的歌声细腻洪亮、扣人心扉，结果在音乐的道路上一路高歌，至今已有多首脍炙人口的歌曲并获得了多个乐坛大奖，她，就是著名歌手韩红。

如今的韩红已经很红了，没有人再去嘲笑她的肥胖，也没人因为她的形象而不去爱她，但演艺圈都是身轻如燕的美女，有人建议她不妨尝试针灸减肥、抽脂减肥等，韩红却摇摇头，笑着说："胖怎么啦，胖自己的，又不碍别人的事。我走红时就已经是这个样子了，不用通过改变外形来吸引听众。"

生活终极的目标并不是为了赢得别人的好评与赞赏，而应当是自我价值的实现，最要紧的是自己如何看，而不是别人如何看。

所以从现在开始，面对人生中的种种问题时，别再费心思去揣摩别人如何对待你、评价你，遵循自己的真实想法吧，想做什么就去做。为此，你不妨时常问问自己："我是怎么想的""我这样做对吗？"关注自己内心的想法，只要认定了的事情，不管别人肯不肯定，不管别人赞不赞同，不管别人认不认可，尝试着义无反顾去做，你总会看到满意的结果。

漠视和努力，是对倒彩最好的反驳

每当你决定去实现自己的梦想时，这时总会有人跳出来说你不行，说你不可能做到等，甚至有人还会把你的努力贬得一文不值。这时，有人会干脆放弃自己的追求，使自己停留于一般和平庸；有人不得不缩回自己刚刚施展开的手脚，压抑自己的抱负和理想；也有些人会暴跳如雷，反唇相讥，甚至可能陷入一场旷日持久、使心智疲惫又毫无意义的纠葛中。

很明显这些都不是明智之举，人最终依靠的不是别人，而是自己，重要的是你对自己的态度和评价。面对生命中的倒彩，一个觉醒的人虽然也会失望，会心痛，但绝不会因此怀疑或者放弃自己的人生，相反，他们会在倒彩中清醒，看到自己的不足，认清前进的方向，锻造自我的坚强，进而加速自身的成功。

有一位京剧演员，他出生在京剧世家，在长辈们的影响下从小就喜欢看戏，8岁时他找到一位老师傅决定拜师学艺。但师傅却说他长着一对"死鱼眼"，呆滞、没神、无光、不灵，不是唱戏的料。但他学艺的决心没有动摇，他常常紧盯空中飞翔的鸽子或者注视水中游走的小鱼，日子一长，他的双眼渐渐灵活起来，最终成功拜师。经过一番勤学苦练，他终于成为世界闻名的京剧大师，他是谁？他就是梅兰芳。

梅兰芳的表演总是惟妙惟肖，却还是会遇到"挑剔"的观众，有时近于胡搅蛮缠的"倒彩"，如他舞剑时，有人会说他的剑法没有学武之人的力道；他开门时用

171

一只手，有人就叫："喝，好大的手劲儿！"面对这些，梅兰芳从来不会生气，而是特意会向专业人士请教："等我做得越来越好了，自然就没有人批评了。"

人最难对付的就是自己，最强大的也是自己的内心！我们每个人都应按照自己喜欢的方式生活，别人再怎么说都不重要，重要的是要努力为自己而活，活成自己心中想要成为的那个样子。

美国前总统克林顿在白宫的一次谈话中说："如果要我读一遍针对我的指责，逐一做出相应的辩解，那我还不如辞职呢！我只要做好自己该做的事，如果证明我是对的，那么无论人家怎么说我都是无关紧要的。只要我不对任何诬陷、诽谤做出反应，这件事就只能到此为止，一切责难都毫无意义。"

经受得起冷言冷语以及怀疑的目光，在无数人的倒彩中坚定前行的人是觉醒的人，是超级自信的人，是具有大智慧的人，也是能走向成功的人。他们明白事实胜于雄辩，与其为此纠结，不如用事实证明自己，当自己取得一定成绩的时候，相信大家都会竖起大拇指，如此"倒彩"也就变成了"喝彩"。

由于工作认真踏实又有责任心，柳婷进入公司不到3年就被领导提拔了，从一个普通会计晋升为财会组组长。遇到这样的好事，柳婷心里自然是美滋滋的，上下班路上都哼着小曲，但是很快这种好心情就被破坏了。因为有几个老员工得知她晋升，心里不平衡了，觉得凭什么这么好的机会让资历尚浅的柳婷"捡"了。于是，就对柳婷的态度尖刻了起来，说话很不客气，有时还带着"刺"："有些人爬得真快，也不想想是谁在给她垫着背""人家年轻人长得好看，悄悄抛个媚眼，自然就能得宠"……

遇到这种事情，谁都会感到气愤。不过，柳婷似乎丝毫没有受到影响，办公室就这么几个人，她也不想把关系搞得很僵，毕竟还要来往，而且自己还需要多方面地发展和进步。于是，每当同事再对自己说三道四时，柳婷都是一笑了之，一如既往地努力工作。就这样，柳婷顶着被否定的心理压力，不断地提高自己、完善自己，工作成绩越来越好，又一次次得到了领导的表扬，并最终被提拔为财务部经理。此时，那些同事也见识了柳婷的工作能力的确更胜一筹，便不好意思再说什么了。

面对生命中的"倒彩"，与其为此自乱分寸，耽误本该做的正事，不如嫣然一笑，视若不见，充耳不闻、仍走自己的路，使这种行为伤害不到你，拖不垮你，拉不倒你，挡不住你。只要你一直坚持默默前行，就一定能一步步实现自己的人生目标，最终收获无数鲜花和掌声。

第十章

大家都不敢做的，
其实正是你该做的

————

缺乏胆识的人，永远只会临渊羡鱼。当一件事物慢慢被大家接受时，那些当时嘲笑先行者的短视之人，只能眼睁睁看别人获得尊重、崇拜和荣誉，赚个盆满钵满。觉醒吧，大家都不敢做的，其实你更该尝试。俗话说"先来的吃肉，后来的喝汤"，一直犹豫不决恐怕最后连汤都没得喝。

————

安全的另一个名字就是止步不前

一天，有人问一个农夫是不是种了麦子。

农夫回答："没有，我担心天不下雨。"

那个人又问："那你种棉花了吗？"

农夫说："没有，我担心虫子吃了棉花。"

于是，那个人又问："那你种了什么？"

农夫说："什么也没有种，我要确保安全。"

在现实生活中不乏像农夫一样的人，他们为了维护自身的安全和既得利益，总是惧怕行动，不敢冒风险，求稳怕乱，不敢去做任何新的尝试。这种行事风格虽然可靠、平稳，给人一种安宁和踏实的感觉，却难免畏首畏尾。如果一个人一生的主要目标就是求稳定求安全，那么将注定一事无成。

每一个选择都有不确定性，也必然会存在一定的损失。比如，恋爱，当我们选择去爱一个人的时候，我们有可能会面临对方并不爱自己，甚至欺骗、谎言、背叛的结果，那我们就选择不爱了吗？比如，友情，当我们去敞开胸怀拥抱一段友谊的时候，我们就有可能会面临争执、分歧、误解，那我们就因此一个人孤独终老？再比如，工作，当我们进入一个新的工作环境或工作岗位，我们有可能面对陌生的同事和团队，听不懂的术语和交流方式，甚至持续的摩擦和磨合，那我们就永远不在工作上做出任何改变，保守一辈子吗？

这个世界上唯一不变的就是改变，正所谓"人间正道是沧桑"。周遭环境从来都不会有绝对的安全感，如果你觉得安全了，很有可能开始暗藏危机。例如，多少人曾经历过国企转型和改革的阵痛，几十年的铁饭碗一夜之间被打破，而且这种趋势将会持续进入常态化。人们追求"安全感"是为了规避风险，害怕损失，可实际上越不愿做改变，损失往往就越大。

所谓的安全，不过是一种假象。像晓飞一样，选择让眼前的自己感觉安全、稳当，却可能在未来带来遗憾和后悔的事。

所以，请从现在开始觉醒吧，不要试图追求所谓的安全感，让自己带来一些改变，要敢于尝试新的事情，敢于尝试别人之所不敢。事实上，真正的安全感来自你对自己的信心，是你每个阶段性目标的实现，是你对自己命运的把控，是获得身体和精神上的更多可能和收获。

一个青年生活在大山环绕的小村子，经常被父母和老师这样的教导：要好好学习，长大去城里。最初他只是被动地刻苦学习，直到考到县城的初中，他才知道外面的世界是什么样子。于是，他立志要去首都读大学，看看更大的世界。这些事，他靠着奖学金都一一做到了。当邻居的孩子们在家过上结婚生子的安稳日子时，他却选择一个人在外打拼，很快，他在一家事业单位有了一份很稳定的工作。当他有了足够丰厚的底子时，他觉得在大城市一直安安稳稳地过下去太安逸了，这样的人生又有什么意思呢？于是，他决定回家帮家乡发展实业。虽然家人极力反对，虽然前途难测，但他依然辞掉了工作。

家乡是贫瘠的山区，青年经过多方比较，引进了优良的果苗，又结合本地的特产，通过网络打出"××果的故乡"的宣传语，并提供干果、鲜果、果酒、果蜜的一条龙服务，就连干果等物品的包装，他也能别出心裁，让村里会刺绣的姑娘们在柔软的布料上勾出精致的图样。这一系列的努力都没有白费，他的生意越做越大了。接下来，青年又用自己赚来的钱开了一家水果工厂，既生产传统的水果罐头，又注意结合时尚因素，搞花式水果糕点。他在网上聘请国外的甜点师，吸取传统面点和国外甜食的优点，做出色香味俱全又能储存的糕点，这些糕点在网上带动了潮流。在家乡，老乡们不用再去城里打工，而是就近经过严格培训进入青年的工厂，青年也因此实现了带动乡亲们致富的愿望。如今，他一边琢磨继续扩大市场，一边准备自己开一个长途货运公司，不但解决自己工厂的送货问题，还能拓展新业务……

　　故事中的这位青年，每一次都放弃了安稳的生活，把未来完全寄托在一份执念和勇气上，并付诸行动。也许在他人看来，他会面临种种损失，也许会一无所有，但他并未因此退缩，而是毫不犹豫地打破了这种稳定，去尝试另一种可能，于是获得了一个个完美的结果，这就是勇敢者的人生。

　　安全维护既有的环境，让我们舒适温暖，尝试则让我们突破和打破常规，创造自身的无限可能，这种安全感才是最真实的。愿我们每个人都能一边安放自己的内心，一边托起它，让它越来越强大。

我们并不缺乏能力，只是缺乏勇气

对于梅尔·吉布森执导的影片《勇敢的心》，想必大家并不陌生。英雄华莱士为自由而抗争的经历，让我们充分领略到了他深藏体内的那颗勇敢的心。遗憾的是，现实中真正勇敢的人寥寥无几，相反，我们总是被怯懦牵绊，阻碍了本可以前进的步伐，到头来只能庸庸碌碌。

曾经有这样一则古老的寓言：

魔鬼曾向人们出售他所有的商品，憎恨、恶念、嫉妒、绝望，还有疾病等，每一个上面都标好了价钱。但在桌子的一角，有一件商品虽然看起来破旧不堪，但它的价钱却远远高出其他商品，价签上写着它的名字——怯懦。有人好奇这究竟是为什么，魔鬼回答说："使用怯懦比其他工具要更容易，因为我可以用它打开任何一扇紧闭的大门，一旦进了门我便可以为所欲为。"

怯懦所表现出来的就是：胆小怕事，遇到难题就退缩，容易屈从他人，甚至逆来顺受，没有任何抵抗能力和反抗能力；进取心差，意志薄弱，害怕挑战和考验，经不住挫折和失败。一个人的性格若是怯懦的，他就会经常怀疑自己的能力，如此即便再有能力，也无异于故步自封。

很多时候，我们并不缺乏能力，只是缺乏一种勇气，一种做事的勇气，一种尝试和改变的勇气。怕就怕几年之后，你对那些比你强的小伙伴们抱怨："生活怎么这么不公平，别人怎么那么厉害、那么多好运气，而我却总是这么差劲、总是这么倒霉？"其实，世界上并没有什么不公平，只不过在相同的时间内，你把时间用在了止步不前，别人却把时间花在了克服挑战上而已。因为，没有任何一种逃避能得到奖赏！

看看那些勇敢的人吧，他们之所以能够成为强者，正是因为具有勇敢的内心，坚韧而顽强。他们无畏前进路上的种种困难，无惧命运发起的挑战，最大程度挖掘自身能力，从而战胜了各种困难和阻碍，最终获得了成功。这样的气魄，是一个成功者不可或缺的品质；这样的人生，是值得尊重和欣赏的！

詹姆森·哈代入选美国奥运会游泳队后，对提高速度简直着了迷，他认为爬泳虽然速度很快，但人类游泳的速度极限还可以提高，他决心在游泳姿势方面做出改革。当他把想法告诉朋友们和同事们时，大家都告诫他"不要犯傻"，挑战人类的体能很可能被淹死，何况爬泳早已定型，不需要做任何改动，但哈代却说："如果连尝试的勇气都没有，那么我们人类游泳的速度就永远不可能提高了。"

哈代把长期使用的爬泳姿势做了大胆改动，游泳时头朝下，吸气时把脸转向一侧，当脸回到水下时再呼气。这样的动作更加自由和灵活。在这样的方法引导下，他划水一周所需的时间缩短了，游泳速度也提高了，而哈代也并没有被淹死，相反他因此发明了一种新的游泳方式，这就是自由泳。自由泳是目前世界上最省力、速度最快的一种游泳姿势，也是普通大众最为喜爱的一种游泳方式。哈代也因此被誉为"现代游泳之父"。

在爱迪生发明了电影以后，哈代从电影胶片的片盘中得到了启发，他产生了一个新的念头，那就是让胶片上的画面一次只向前移动一幅，以便让教师能够有充足的时间详细阐述画面所反映的内容。有人认为哈代很愚蠢，告诉他没有人愿意再坐下来看一次只移动一幅图画，但他却说："我不怕失败，我就是要试一试，就算失败了，我也不损失什么。"后来，哈代成功地实现了让画面与声音同步进行的目标，从而创造了真正的"视听训练法"，给诸多人带来了方便。

詹姆森·哈代的成功是因为自身天赋高、资质好？还是因为有成功的契机？显而易见，更重要的是他具有大胆尝试的勇气。

有人曾经问歌德："勇气真的很重要吗？"

歌德回答道："当然，你若失去财产，你只失去了一点儿；你若失去了荣誉，你就失去了许多；你若失去了勇气，你就失去了全部。"

人如果失去了勇敢，就等于失去了一切，而这个世界是属于勇敢者的。

觉醒吧，拿出改变现状的勇气，收起你的胆怯、退缩和恐惧，从此做一个勇敢的人。即便遭遇无数次碰壁与受伤，也要勇敢去面对一切，不怯懦，不逃避，不畏缩。你不低头，世界看你仍是挺胸绽放。你走下去，终会得到人生的馈赠。

唯一值得我们害怕的，只有害怕本身

大概没人不希望自己是一个勇敢者，但是勇气究竟是从哪里来的呢？

在让自己变得勇敢之前，首先我们要认识恐惧感。

还记得上一次你心跳加速、手心冒汗、头脑一片空白的瞬间吗？仅是脑中闪过一些面试考试、比赛或者做重大决定的时候，这种感觉都会令人极不舒服。身体上的反应比理性的思考更容易强烈地诱导大脑做出保护自己的行动，接下来的选择无非是逃避、遗忘、忽略，或者干脆推卸给别人。

每个人都有感到害怕的事情，如害怕自己在公共场合出丑，而不敢当众发言；害怕会被水呛到，就不敢尝试着让自己潜入水中学着游泳；害怕做事情的时候别人会嘲笑而不敢去做；害怕自己晕车而放弃一次美好的旅行等等。很显然，由于被这种害怕感所纠缠，我们由此也失去了很多让自己更优秀的机会，与成功失之交臂。

事实上，很多时候，事情本身带给你的害怕感可能只有三四分，然而在等待犹豫的过程中，恐惧感发酵，又增加了一两分，再加上你用想象的放大镜不时地放大着恐惧，所以恐惧又被放大了无数倍，于是就会越来越害怕，不敢做的事情就越不敢做。

弗洛姆是美国一位著名的心理学家，有一天他带着几个学生走进了一间伸手不见五指的神秘房间。在弗洛姆的指引下，学生们摸着黑很快很轻松地穿过了一座架在房间中间的木桥。接着，弗洛姆打开房间里的一盏灯，学生们才看清楚房间的布置，不禁吓出了一身冷汗。原来，这间房子的地面是一个很深很大的水池，池子里竟然蠕动着很多毒蛇，有好几条毒蛇正高高地昂着头，朝他们"嗤嗤"地吐着芯子。

弗洛姆看着学生们，问："现在，你们还愿意再次走过这座木桥吗？"

大家你看看我，我看看你，都摇摇头，不敢作声。

弗洛姆又打开了房内另的外几盏灯，强烈的光线一下子把整个房间照得如同白昼。学生们揉揉眼睛再仔细看，才发现在小木桥的下方装着一道安全网，只是因为网线的颜色极黯淡，他们刚才都没有看出来。

弗洛姆大声地问："你们当中有谁愿意现在就通过这座木桥？"

过了片刻，终于有两个男学生犹犹豫豫地站了出来。其中一个学生战战兢兢地踩在小木桥上，异常小心地挪动着双脚，速度比第一次慢了许多；另一个学生一上去身子就不由自主地颤抖着，才走到一半就挺不住了，干脆弯下身来，慢慢地爬了过去。

弗洛姆语重心长地说："桥下的毒蛇对你们造成了心理威慑，你们胆怯了，乱了方寸，慌了手脚，所以才走得那么艰难。但刚刚进来时，你们只想着过桥，黑暗里也不知道桥下的景象，不是走得很好吗？现在为什么不试着忘记桥下的景象，就像来时一样呢？"说完，弗洛姆便目视前方，稳稳当当地过了桥。过了一会儿，学生们也开始陆陆续续地过桥了，这一次他们走得很好……

这是一个具有深刻启示的实验。其实人生又何尝不是如此？在面对各种困难和挑战的时候，我们之所以不敢行动，举步维艰，就是因为我们心生胆怯。换句话说，一个人只有首先战胜自己的恐惧感，从内心真正的勇敢起来，才可能具备轻视、藐视，甚至是无视种种困难险阻的勇气，进而将所面对的事情真正办好。

所以，觉醒吧，你大可尝试去做那些令你向往和在意，但又感到害怕的事。比如，勇敢地向心爱的人表白，在年终酒会上主动与人搭讪，主动向领导汇报你的工作进展，甚至去换个从未尝试过的发型……这都是你克服恐惧心理的良好开端。

如果你依然对某些事情感到害怕，不妨再换一种思考方式，想一想可能发生的最坏情况是什么，在心里先接受最坏的结果，那么内心还有什么是不能承受的呢？

　　为了美好的未来，为了幸福的生活，王先生每天拼命工作，经常忙到废寝忘食。有一天晚上，王先生胃出血，被送到医院，专家说他得了胃溃疡，并判定"已经无药可救了"。于是，他只能每天躺在病床上吃药，洗胃，一天到晚吃半流质的东西。由于王先生不能按时上班，半年后公司不得不将王先生辞退了，心爱的妻子也离他而去。王先生心里痛苦极了，觉得人生没有任何意义。他对自己感到十分懊恼，曾很多次绝望地对自己说："你简直糟糕透了，你没有什么别的指望了。"

　　但幸运的是，王先生后来意识到这样根本不能解决任何问题。他问自己："可能发生的最坏情况是什么？"答案是："死亡。"既然如此，还有什么可忧虑的呢？为何不好好利用剩下的这些时间呢？王先生一直梦想着能够环游世界，但是以前总是每天为工作奔波，他哪里都没有去过。他决定在死亡之前完成这次旅行。就这样，王先生让自己准备好接受了死亡的心理准备，他先去买了一具棺材，把它运上轮船，然后和轮船公司约定好，万一他中途去世，就把他的尸体放在冷冻舱里，送回老家。因为心中没有了恐惧，他开始自由自在地享受大自然中的阳光、空气，再也不担心、忧虑什么了，因为他早已经接受了最坏情况……

　　令人惊讶的是，王先生的身体并没有像医生预想的那样变得越来越糟糕，反而是越来越好。旅行回国后他的胃恢复了正常功能，日常的任何食物都可以吃了，他又开始积极地投入工作，而且几乎完全忘记了自己曾濒临过死亡。当别人询问王先生是用什么方式治好了病时，他回答道："我给自己判了死刑，这使我轻松下来，忘了所有的麻烦和忧虑，产生了新的体力，进而挽救了我的性命。"

　　如果你常常因为害怕不敢行动，不妨学学王先生的做法，问问自己："可能发生的最坏情况是什么？"在心里接受可能发生的最坏情况，练就"泰山崩于前而色不变"的强大心理，我们也就能鼓足勇气、镇定自若地想办法改善这种情况，最终定会找到合适的解决办法。

　　真正的勇敢是什么？不是无所畏惧，而是明明感到害怕，却依旧前行。

再勇敢的人，也有感到害怕的时候，因为恐惧属于我们人性的一部分，而人性是任何人都无法摆脱的。因此，当你因为恐惧而产生想要逃避想法的时候，你无须感到羞愧或者自责，因为其他人和你都是一样的。那些觉醒的人之所以成功，就在于承认和正视恐惧的存在，用勇气打败了恐惧感。

还有一点需要注意，如果你内心的恐惧真的很强烈，那真实的心理过程应该是，我们会不停在勇敢和害怕间徘徊，不停在心里和自己做斗争，但是我们仍然会向前，因为当我们决定采取行动时，我们就已经是觉醒了，那意味着我们战胜了自己。因此，这条勇敢之路并不是直线到达终点的，它更像是一条弯弯曲曲的路，虽然过程会有些曲折，却指向我们想要到达的终点。

过分珍惜自己的羽毛，就不可能凌空翱翔

我们总抱怨现实的不尽如人意，绝望地等待着被世界"宰割"的命运。但这样做的结果，除了痛哭，便是更深的绝望，对自身的提升没有丝毫帮助。既然如此，何不想一想古希腊哲学家柏拉图告诉弟子的"移山之术""山不过来，我便过去"，勇于改变一下自己呢？

当今社会，挑战无处不在。在严峻的挑战面前，随时保持对周围世界的敏感性，及时地调整和改变自己是很有必要的。如果一味地墨守成规，固执己见，因害怕变化而否认或者拒绝变化，这就像一只鸟过分珍惜自己的羽毛，不愿使它受一点损伤，结果终将会失去两只翅膀，永远不再能够凌空翱翔。

田依是一个二十来岁的小姑娘，参加工作仅仅一年却对很多事情感到不满，经常抱怨个不停，生活中充满愤愤不平和不满。比如，最近她一直因为公司的那个前台耿耿于怀，"她长得漂亮，身材好，工作能力又好，而且她自身家境也不差，所以人家简简单单地做一份前台工作还能享受高质量生活"。当田依酸溜溜地将这些话说出口时，身边的一位大姐看不过去了："你只是自作自受。"

看着一脸茫然的田依，这位大姐继续说道："你，一个农村女孩，家境不算殷实，可你觉得读书苦，工作累，不断地换工作，没有稳定的收入，你拿什么作为高质量生活的支撑？你，体型偏胖，可你觉得节食苦，运动累，你能坐着不站着，能躺着不坐着，你拿什么塑造你的身材？"顿了顿，大姐接着说，"其实很多事

情，都是你本身不愿去面对，不愿去改变。你固守这看似令人美慕却懒惰的休闲生活，却美慕别人拥有你没有的东西，扪心自问，你有做过什么事去争取你美慕的东西？"

你满意自己现在的生活吗？你为了更好地生活做过改变吗？改变自己，就是改变生活。当你不再是现在的模样时，你会遇见不同的自己，遇见不同的人生和人。正因如此，当身处困厄的境地时，一个觉醒的人不会一直站在原地抱怨，而是敢于并善于改变自己。

20世纪80年代，好莱坞曾有一批极具表演天赋的青春偶像被人们称作"乳臭派"明星，汤姆·克鲁斯便是其中之一。所谓"乳臭派"明星，即拥有人见人爱的英俊外表和迷人微笑，演技却稚气有余、差强人意。1983年，克鲁斯共出演了四部电影，但在票房和评论界却双双惨败，这些打击让克鲁斯的事业陷入迷茫。很快，克鲁斯意识到要想获得事业的发展，就要改变自己的"戏路"，而不是成为一个仅凭外貌取胜、任人摆布的青春偶像。为此，克鲁斯开始尝试饰演成人的角色。他不惜将自己的肤色晒黑，每天坚持适当的健身，使自己看起来更成熟、更有力量。之后他拍摄了《金钱本色》《雨人》等，这些电影的成功使克鲁斯从青春偶像成功转型为成熟的影坛明星。

克鲁斯的勇气和演技已经受了多次考验，但是随着年龄的增长，他的事业陷入了"中年危机"的低谷，票房号召力开始下降，大不如前。于是，克鲁斯决定向其他方向发展，他成立了自己的影视公司。他不仅开始担任影片的制片人一职，了解观众心理和市场信息，挑选合适的剧本，决定导演和主要演员的人选等，还亲自学习武功，整天忙得不可开交。耗资几千多万美元的动作巨片《碟中谍》系列，就是克鲁斯由演员向制片人迈出的第一步，他让影迷们再次见识了他的高超演技，并向观众展示了他无愧于主角位置的实力，他再一次焕发出璀璨的光芒，演艺事业如日中天。

从20世纪80年代乳臭派领军人物到90年代的票房象征，再到21世纪好莱坞的头牌明星，尽管克鲁斯经历过同代明星的起起落落，但他却一直是这20年来好莱坞曝光率最高、影响力最大的好莱坞演员之一。当然，他凭借的不仅仅是英俊的外表、认真的作风、坚定的意志，更多的是，他不断调整自己的思维，勇敢地改变自己。"接下来还有什么角色想要挑战？"记者问。克鲁斯回答说："面对各式各样的角色，不要太爱惜自己的羽毛，要弄坏几根，要去尝试，不要把自己保护得太好。"

处于什么样的环境并不重要，重要的是你的选择：是选择软弱地屈服于环境，绝望地等待世界的改变；还是勇敢地面对不如意，改变自己固有的心态、思维和行为，进而达到改变世界的目的，就看你自己如何把握了。

最美的花往往开在长满荆棘的深谷里

曙光出生于一个厨师世家，由于父亲在一家知名酒家工作多年，他18岁时就跟着父亲开始学厨。厨师工作既辛苦又不赚钱，曙光一直有一个心愿，希望有天可以开一间自己的餐馆。可是他不敢冒险，他害怕如果餐馆经营失败了该怎么办，一家人生活没着落了又该怎么办？

每当看到别人的餐馆生意兴隆，宾客满门的时候，曙光又总是不由感慨如果自己当初胆子大点，心一横把餐馆开了，也许现在生意比别人的还要好，可是他终究没有勇气去冒这个险，他一辈子老老实实，本本分分，勤奋又吃苦，可是挣的钱却只够养活一家老小，也始终没能实现自己的心愿。

每个人一生都会遇到很多选择，学业、爱情、工作、创业等，每一样都是风险与机遇并存。不敢冒险的人，即使机会就摆在面前，即使伸手抓住机会就成功了，可他还是会失败，因为他始终不敢伸出那双手。在需要冒险的那一刻，不敢放手一搏，也因此失去了一次次成功的机会。

醒醒吧，不敢冒险就是最大的冒险！

每个人都渴望成功，可成功是什么？成功就是人生路上的美丽花朵，它通常不会长在路边，而往往开在长满荆棘的深谷里，只有敢于冒险的人才能摘得到。

敢不敢冒险，决定了我们是否能有别于过去。同时，这也是我们能否改头换面、开创崭新未来的关键所在。那些在任何领域成为领袖的人物，他们之所以有与众不同的魅力，之所以能够成为顶尖人物，不只因为他们有很强大的能力，还因为

189

他们足够清醒，敢于尝试新事物，勇于面对风险之事。

李嘉诚是我国香港特区大富豪，全球华人首富，是一位非常成功的商人。在他的成功历程中，敢于冒险的精神起了非常关键的作用，用他自己的话说就是——"商人既要有成功的欲望，又要敢于冒险。虽然我时刻注意防范风险，但并不意味着我不敢冒风险。很多时候，因为冒险精神，我取得了成功。"

李嘉诚22岁时创办了"长江塑胶厂"，蜚声全港。20世纪50年代，欧美兴起塑料花热，一家销售网遍布美国、加拿大的北美最大的生活用品贸易公司有意到香港实地考察。李嘉诚得知这一消息后，立即果断拍板：一周之内，将塑胶花生产规模扩大到令外商满意的程度！他将旧厂房退租，新租了一套占地约1万平方英尺的标准厂房，购置新设备，安装调试设备，新聘工人并且培训上岗……为了筹集资金，他不惜把自己多年辛辛苦苦营建的工业大厦都抵押出去。

部下们心里不免犯嘀咕：做事一向沉稳的李嘉诚怎么了？商人还没有来，生意人的面尚未见着，就下这么大的血本。如果生意谈不成，岂不是鸡飞蛋打？这太冒险了，但是李嘉诚知道，将塑胶花生产规模扩大是吸引住这位大客商最大的引力所在，如果不冒冒险，那么就等于将机会让给了别人。

这件事是李嘉诚在一生当中冒的最大最仓促的险，不过这险冒得值得。那家外商参观了李嘉诚的新厂后由衷地称赞其可以与欧美的同类厂媲美，当即说："OK，我们现在就可以签合同。"通过这家公司，李嘉诚获得加拿大帝国商业银行的信任，并日后发展为合作伙伴关系，进而为进军海外架起了一道桥梁。

我们常说"撑死胆子大的，饿死胆子小的"。话虽粗俗，但道理却是千真万确。如今的社会处处存在机遇，同时也存有众多风险，只有用勇气代替懦弱和恐惧，用主动替换等待和退缩，敢于冒风险，乐于冒风险，才有可能抓住珍贵的机遇，从而使人生际遇发生实实在在的改变。

不过要记住，冒险是为了更好的未来，冒险本身并不是孤注一掷，更不是一意孤行，任何时候，你都要带着清醒的头脑和机变的行为。

你离成功其实就差一只"出头鸟"

老话说"枪打出头鸟"，这也是我们这一代人从小接受的教育之一。在家里，亲戚朋友会告诉你，做人一定要低调，不要张扬；在单位，前辈会告诉你，按要求做就好，不要冒尖。我们听到最中肯的劝告是："青年人气血旺盛，不要去做'出头鸟'，否则就会因为涉世不深或者没有经验，把事情搞砸。"

在不少人看来，当"出头鸟"是一件不好的事情。殊不知，一个人如果不愿出头，不敢争取，就会错过很多成长的机会。这样的人往往在人群中显得不自信、内向，做起事来也常常不求有功，但求无过。到了最后，即使自认为头脑还比较灵活，自认为自身还比较努力，却也不会有实质性的成绩。

在一些大学课堂上，如果注意观察会发现这样一种现象：同学们绝大多数都是从后面开始坐起，最后来的人反而只能坐最前面——因为后面的位置都被先到的人占满了，于是经常出现这样的场景——后排人潮如涌，前排稀稀拉拉，少人问津，空出一大片。同样的事情也发生在课堂的提问上面，在大学课堂上，能够在课上提问、发言的往往只是少数几个人——大学难道不应该是大胆讨论，思想碰撞的地方吗？但是大家也都能够理解，前排的位置太明显，当众发言太高调，谁都不愿意当那只太出头的"鸟"。

反观我们生活中，不乏很多渴望成功的人，但因为不敢当"出头鸟"，聪明的人不敢越界，只在自己的思维里打转；勤奋的人不敢突破，一条道走到黑；业务过硬的在圈子里自恃不凡，哪里还去看"井外"天地？觉醒吧，"出头鸟"不是出风头，更不是哗众取宠，而是敢于打破传统思想的束缚，敢于站在风口浪尖做事。

不难发现，每次开会坐前排的人大都是工作积极认真、能力强、不惧怕压力、表现出色的人。他们的言谈举止中都充满着自信，有一种敢作敢为、敢于迎接挑战的魄力，于是一个个成功的契机就这样出现了。试想，在一场演讲会上，如果演讲者发名片的话，谁最有可能得到？一定是坐在前排积极听讲的人。如果是一场集体面试会，谁能首先获得面试的机会？同样是坐在前排跃跃欲试的人。

做"出头鸟"可能会把事情搞砸，可能遭到别人的不理解，可能成为别人攻击的对象，甚至让人生充满风险。但历史往往是由那些"出头鸟"创造并改写的，国内外的知名人物又哪一个不是通过做"出头鸟"而成就一番事业的？

1995年马云去了一趟美国，回来一张口要做一个叫作"因特耐特"的东西，那时候中国人对"因特耐特"几乎一无所知，马云几乎被亲戚朋友们视为疯子，"这东西都没听说过，政府还没开始操作的东西，不是我们干的。"但马云不管，他说过这样一句话："有时候，不被人看好是一种福气，正因为没人看好，大家都没有杀过来，这个领域才有值得发展的价值。"1999年，阿里巴巴网络技术有限公司在杭州成立，那个年代大家会想到有B2B电子商务这种东西吗？会想到在家里就能逛商场、逛超市，动动手指就能买到想买的东西吗？一定不会。马云就是一只勇敢的"出头鸟"，现在网上购物火得一塌糊涂，而马云和他的团队正是因为抢占了先机而赚得盆满钵满。

随着消费者越来越习惯网购，各大电商之间的竞争也越来越激烈，所有商家都想要分割互联网购物这一巨大的蛋糕。而各大商家为了争夺这个蛋糕都使出了浑身解数，如加大促销力度、先行赔付、货到付款等。而马云却率先在天猫11月11日举办促销活动，其实这个时间点的选择是一个大胆的举动，也是一个冒险举动，因为传统零售业"十一黄金周"刚刚落幕，之后的"圣诞促销季""元旦促销季"又将来临，这样的节点会取得很好的效果吗？不过马云却有自己的独特想法，需求是可以发现的，也是可以创造的。虽然11月11日不是销售的旺季，但却年轻人戏称的"光棍节"，我们可以有意识地制造一种通过集体购物来"宣泄"情绪的环境。就这样，"双十一"变成了网络购物的狂欢节，创造了电商促销乃至销售历史上的一个传奇。

要想获得别人无法企及的成就，你就必须勇于做一只"出头鸟"。

做别人没做过的事，做别人不敢做的事，这正是做一只"出头鸟"的真谛！

有时候，不妨给自己一片没有退路的悬崖

在前进的过程中，许多人做事前习惯先琢磨好一条退路。他们喜欢未雨绸缪，觉得万一事情失败了，自身也不至于太被动、太难堪，总还有个保底的台子接着。这看似是一种十分明智的选择，却也往往因为自己知道有条后路可走，而常常在努力时给自己留有余力。

大四那年备考出国，几位考友约好每天去图书馆奋战，董青便是其中一个。董青英文基础相对薄弱，连续两次雅思考试都维持在6分的水平上没有提高，而出国留学雅思最低需要6.5分，所以一开始董青学得很卖力，几乎每天图书馆、食堂、宿舍三点一线。备考中途，学校召开了一次大型校园招聘会，董青打印了几份简历想去凑凑热闹。谁知，招聘会后他拿到了一家贸易公司经理助理的offer。

按理说有了工作保底，董青就可以放心考试。结果正好相反，董青觉得就算雅思考不到6.5分，就算不出国留学，自己也可以养活自己。在这种心态下，他去图书馆的次数越来越少，每次去图书馆待不了一个小时就拎包走人。结果是，他的雅思成绩考得不理想。毕业后他去了那家贸易公司上班。因为公司客源寥落，董青的工资也不高，只能艳羡那些比自己混得好的同学。现在，他经常后悔当初没有坚持备考出国的决定。

人都是有一定的惰性的，在一件事情上给自己留下余地，给自己想好退路，给自己太多选择。在遇到困难的时候，就会想着如何去选择一条比较轻松的路。而正因为这条比较轻松的路，让我们在本应坚持的时候放弃了坚持，在本应发掘自身的时候放弃了思考，如此如何成功？

正因如此，那些觉醒的人会认为给自己留退路是弱者的行为，这意味着一开始便对自己和自己的前景缺乏信心，意味着在困难面前的退却、妥协，这样退路往往会变成自己前进道路上的绊脚石。所以，他们往往会选择不给自己留任何一条退路，以常人不具备的勇气和气魄切断自己的后路，然后义无反顾地前进。

法国的著名作家雨果，曾经被要求在规定的时间内交出满意的稿子，但是他染上了与贵族吃喝玩乐的习惯，有时总是禁不住就出门"逍遥"了。为了让自己安心地写作，雨果把自己外出需要穿的衣服全部锁进柜子里。为了防止因控制不住自己打开房门，他把自己反锁在里面，还把钥匙扔进了湖里。最终在这一段完全自我封锁的时间，雨果创作出举世闻名、流传百年的长篇浪漫主义小说——《巴黎圣母院》。

为了提高自己的演说能力，戴摩西尼在一个地下室练习口才。由于耐不住寂寞，他时不时就想出去溜达溜达，但心总是静不下来，练习的效果很差。无奈之下，他横下心，挥动剪刀把自己的头发剪去一半，变成了一个怪模怪样的"阴阳头"。因为头发羞于见人，他只得彻底打消了出去玩的念头，一心一意地练习口才，演讲水平突飞猛进。凭着这种专心执着的精神，他最终成为世界闻名的大演说家。

退路，我们需要退路吗？不需要，退路是留给那些尚未觉醒，决心不够的人的。对于一个没有退路的人来说，只能一路向前。一条路上，有了坚定的决心，就能够走通。就算走不通，决心坚定的人也能够兵来将挡，水来土掩，想办法让这条路走通。所以，有决心的人是一个创造者，同时也是一个开拓者。

　　所以，当我们确定一件事或者确立一个目标时，不妨给自己一片没有退路的悬崖。身处绝境，没有后路就没有退缩，就没有放弃和妥协的理由，就能鼓起奋力一搏的勇气，激发出创造奇迹的力量。

　　不给自己留退路，朝着目标前进吧！

第十一章

清醒，
承认无限事物超乎理智之外

　　人需要理智的思维，于人于事要理性的观察、认定和对待。但过于追求逻辑的严谨，往往又会处处碰壁，因为无限的事物往往超乎理智之外。人，不能停留在一种固定不变的模式中，不妨试着做看似异想天开的事，以一种全新的视角审视生活，你会发现，这是非常有趣的体验。

所谓阳关道，未必就好过独木桥

文章开始前，先问大家一个问题：假如，你来到一个从未去过，完全陌生的某地旅游。此刻，在你面前有两条路，一条是很多人都在走的阳关道，一条则是人迹罕至的独木桥，你会选择哪条路？

相信不少人会选择阳关道，毕竟这条路看起来更好走，更快能抵达目的地。瞧，你就是这样被渐渐淹没在了滚滚人潮之中。谁都想走一条好走的路，却忘了那条路上往往人多，太过拥挤，反而不好走。如果你拥有一流能力一流智商还好，倘若是弱质之辈，非要和大神挤在同一条路上，最终只会被挤得头破血流。

所谓阳关道，未必就好过独木桥。

数几十年前，美国西部的彼得·佛雷特和大多数年轻淘金者一样，用尽全部资产买下了一块地，希望能够通过淘金实现发家致富的美梦。可是上天没有厚待他，佛雷特翻遍了整块土壤，连金子的影子都没见到。就在他深感绝望的时刻，却意外地发现，他买的那块地土质非常肥沃。于是，他改变策略，不再淘金，而是开始种植花草，然后卖给当地的富人。几年后，他成了远近闻名的富翁，实现了发家致富的美梦。

对的那条路，往往不是最好走的。不走寻常路，偏爱独木桥，一样能够成功。我们生活中也总有这样的能人，他们能找出那条适合自己的荒僻小道，并一路狂奔，最终比他人更快实现了人生目标。

亚历克莎·冯·托贝尔本应于2006年从哈佛大学毕业，当时她和大多数同班同学一样希望毕业后能进入华尔街"投行巨擘"——摩根士丹利，成为一名优秀的交易员。虽然就读于哈佛这样的名校，但她通过一番询问得知，想要进入摩根士丹利工作的人太多了，自己将来面临的就业形势十分严峻，将是和几千人争一个"饭碗"。

必须选择不走寻常路！2008年亚历克莎从哈佛商学院辍学，虽然大家都替她惋惜，但她却主意已定。很快，她就创立了LearnVest网站，专门教女性用户如何理财。当时市面上尚未将女性理财需求作为一个市场机遇点进行开发。亚历克莎却通过将这一业务细化，短短时间内就吸引了诸多女性网友的访问和咨询。2009年年底，LearnVest已经帮助了超过100万客户，获得了共2450万美元的风险投资。

就这样，当同学们为争抢摩根士丹利实习机会，使尽全身解数时，亚历克莎已经轻松当上了创业老板。

走少有人走的路，更容易脱颖而出，不是吗？

当然正如前面所说，这里的前提是我们必须学会审视自己，找到适合自己的那条路。一旦踏上这条征途，也许你会经历更多坎坷、困难等，但无论遇到什么都要勇敢，要坚持，如此才能"柳暗花明又一村"，最终走向人生开阔处。

只要找到合适"风口"，猪也可以飞上天

很多人抱怨自己辛苦，没日没夜地奋斗，本应该活得更好，却处处不如别人。为什么？事实是，在一个充满竞争的领域里，你若是和别人比辛苦，人家干5个小时，你就干10个小时。人家干10个小时，你就干20个小时，累死也无功，因为单纯量的叠加并不一定带来质的变化，许多人穷其一生难以翻身就是误在这里，所经历的迷茫和窘境也正归咎于此。

面对一个全新的社会，你必须及早觉醒并认识到，一个人的成功与否，并不完全依靠个人努力，有时候比的是谁能抓住"风口"的能力。"站在风口，猪也能飞起来"，这是著名的雷布斯的名言。"风口"说白了就是一种因势利导，做事或创业，好的时机很重要，即所谓的天时。

你一旦率先抓住了"风口"，就完全不用很辛苦、很卖力，只需要做得比你的竞争对手好那么一点，你就会咸鱼翻身，实现鲤鱼跃龙门。有些人之所以成功概率高，就在于他们最先敏捷地看到了一种发展趋势，并对有利的形势巧妙加以利用。现实中，这样的案例很多。

1985年，二十来岁的朱孝明从老家出来，背着一台缝纫机到上海谋生。不久，他认识了一个长春人。两人聊天时，这个人对朱孝明说："上海是服装大市场，裁缝高手如林，像你这样的手艺，算不上什么。但是如果在东北发展的话，你却是个高手。"朱孝明觉得对方分析得有道理，第二年春天他便背上行李和缝纫机，登上

了开往长春的列车。最初兜里只有18元钱的他，在长春市口腔医院附近的一条小胡同里找了一间小房子作为自己的裁缝店。

因为初来乍到，再加上裁缝店又在一个不起眼的小胡同里，所以根本就没人找他做衣服。朱孝明冥思苦想决定从近邻身上找到业务的突破口，他开始免费给近邻做服装。如果近邻们主动给钱，他也仅收一点。这一招果然很有效，没过多久，口腔医院的医生、护士就开始主动找上门请朱孝明做服装了。一段时间后，许多人都知道了口腔医院附近有一个很好的裁缝，朱孝明靠做衣服挣到了人生的第一桶金。有了第一次创业的成功，朱孝明体会到创业时一定要学会在碰到机遇时灵活转变思路。

后来朱孝明发现，随着经济水平的提高，购买轿车的消费者日益多了起来，于是，他决定着手做汽车生意。他利用手里的1万元存款在长春汽车厂区一家日杂商店后院租了一个车库，开了一家汽车内装饰件商店，取名"大众汽车装饰发展中心"。由于很多消费者对汽车都产生了防盗功能的要求，朱孝明找朋友借了8万元，加上自己现有的钱，去广州进了一批汽车防盗锁，这批货很快就销售一空。再后来，朱孝明又把目光投向为豪华轿车安装真皮座椅、高档音响等。那时，进一套音响2000元至3000元，利润就在700元至800元乃至1000元，朱孝明因此财源滚滚而来。

1996年，朱孝明已有一定的经济实力，他决定做汽车大生意。他认为，趁自己有了一定的经济实力、好的信誉、好的口碑、好的人际关系时，应该抓住天时、地利、人和的条件向大企业、强企业的方向冲刺。不久，他以50万元资金成立了吉林省中信汽车贸易有限公司。经过一番拼搏之后，朱孝明成为奥迪、红旗、捷达三大品牌的一级代理商，5个月内就售出2400辆，获利近2000万元，他先后获得了一汽汽车销售"先进个人"的称号，也成了全国有名的汽车销售大王。

是什么样的力量让朱孝明的发展如此顺风顺水？趋势！世界形势浩浩荡荡，顺之者昌，逆之者亡。一旦你站对了"风口"，想不成功都难！朱孝明成功的秘诀就在于顺应形势而为。一个人即使是白手起家，但只要选择对了适合自己的时局，个人优势也就显示出来了，你离成功也就不远了。

《兵经》曰："能相地势、能立军势、善以技、战无不利。"那么怎样才能找对"风口"呢？这就需要我们学会审时度势，即站在宏观的位置上，以全局的眼光，在纷繁复杂的环境中，及时准确地预见发展趋势，时时刻刻考虑世界、国家和时代在发生什么？现在市场上各种各样的事情里面，将来十年八年、三四年、两三年能发生的最大变化是什么？整个市场上、大环境最大的变化是什么？

当然，"风口"不是一天造成的，而是一点一滴逐渐累积形成。发现"风口"也是一个需要长期学习和积累的过程，一定要保持客观、冷静的态度和做法，目光要长远，千万不可操之过急。如此，起风时，你就可以飞得更高；风停时，依然能飞得更远。

敢于异想，就有可能会天开

以前人们总用"癞蛤蟆想吃天鹅肉"形容一个人异想天开，没有自知之明，谋取自己完全不可能得手的东西，带有明显的贬义。但时至今日，异想天开并非坏事，因为过去我们想的事情都有一个边界，这个边界就是固定的一种模式。而现在科学的发展已经打破了我们对于边界的认知，异想是非常必要的。

很多事实证明，我们只有敢于异想，才有可能会天开。

比如，中国人对月球有着极强烈的向往，以至于编造出许多与月亮有关的神话传说，嫦娥奔月、月兔捣药、吴刚伐桂等。多少人想看看月亮的"庐山真面目"，这个想法一直萦绕在人类脑海。以前人们会说这是痴人说梦，但后来人类却利用自身开发的载人航天器将宇航员送上月球，成功实现了人类登月的梦想。人类迈出的这一步，就是因为有人敢于去想象。

在理性的框架下，我们的思维会受到限制，而创造性思维偏爱天马行空的想象，更偏感性。异想就是突破现有的思维，你去想了，才会发现原来还可以这样，真不可思议；你去想了，才会发现一件事可以有更多奇妙的改变……

如果你从来没有在电视或新闻上听说拉斯维加斯，当有人告诉你在一片荒漠里有一座极其繁华的城市，每年都有无数人去参观，你信吗？他们怎么喝水？为什么要在荒漠里建城市？的确，拉斯维加斯的原始环境很糟糕，它处于美国西部大沙漠之中，这里本是一块不毛之地，周围因荒漠戈壁干燥无比，而且几乎全年高温，无论从哪一个方面来看，这里都不是适合人类居住的佳地。但后来美国政府为了拉动西部的经济发展，想方设法在这里修建了人工湖，又提供了充足的水电供应，又耗费大量的黄金白银把这里堆建成奢华城市。如今的拉斯维加斯满城繁华，无比熙攘，成为世界最受欢迎的度假地之一，每年都有来自世界各地成千上百万的游客前往。

谁能想象出在荒凉的戈壁滩竟然隐匿着一座人间天堂？拉斯维加斯犹如天堂一般的存在，也可以说是人类想象的产物，源自美国人敢于打破传统的束缚，跳出旧的窠臼，大胆想象，敢于创新、大胆践行。

能想多远，敢想多远，这是想象力的一个重要内涵，它决定了你的未来能走多远。仔细观察你也会发现，我们与那些成功者的最大差距其实就是想象力的差距。想象能力决定了认知，认知决定了眼光，眼光决定了格局，最终导致我们走在不同的道路上。

"敢于想象就能成就伟大！"这是著名科幻小说作家刘慈欣的一句名言。六七岁的时候，刘慈欣亲眼看见了中国第一颗人造地球卫星——"东方红一号"，发射到太空时，他仰望天空，怀疑它会不会和星星们相撞？他对宇宙充满敬畏之情，对科幻世界充满了好奇和向往，他狂热地想象着宇宙的模样，并凭借无穷的想象力写出科幻小说——《三体》，并获第73届雨果奖最佳长篇故事奖，这是亚洲人首次获得"雨果奖"。刘慈欣之所以能将中国科幻文学推向了世界的高度，在很大程度上归功于他那超乎寻常的想象力。

觉醒吧，摆脱以往那些过于约束你的思维，将内心的边界一一打破。如果你想要做某件事，不妨先在脑海里想象，想象自己做成这件事的最终效果是什么？那么接下来你就有了一个方向，这个方向将指引着你一步步靠近那个"异想"，最后的结果就是将它变成现实。

一条路走不通，不妨换一条路

生活中，我们会遇到各种或困难或复杂场面，不少人只知直来直去，往往只从一个角度看问题，结果往往是竭尽全力也于事无补，只能被绝望的思绪所困扰，被眼前的困境所蒙蔽。即使最终强取而得，也耗费了超出常规几倍的资源，碰得头破血流。

曼春是某重点大学的高才生，毕业后她进入一家软件公司做程序员，但程序员工作枯燥，而且经常加班，这让曼春倍感压力，经常和身边人埋怨自己当初进错了行业。当别人问她为什么不换份工作时，曼春却说，自己当初上大学时学的就是这个专业，付出了那么多，现在放弃这份工作，换个行业，再从零做起，以前所付出的努力岂不是白费。同时，她还有这样的疑虑："如果我继续努力，或许慢慢就好了"，之后她继续选择了等待与死扛。

而曼春好几位非常熟悉的朋友，在通过多方考虑，发现原行业不适合自己后，就果断地转行，从零起步，现在已是大有所为。例如，曼春的一位大学同学在5年前辞去了教师工作，她的理由是自己没耐心，性子急，不适合教育工作。之后，她开始创业，她有冲劲，敢想敢做，如今企业资产已经数千万元。而曼春的坚持依然没有进展，眼里满是"何必当初"的绝望。

最糟糕的不是这个世界原本的弯曲，而是我们近似执着地固守直线思维，坚持做一份不适合自己的工作，死守着一份不属于自己的爱情……殊不知，有许多问题很难用直接求解的方法得出答案。与其在一条路上跌跌撞撞走到底，不如适当地转个身走另一条路，也许就能获得柳暗花明的改变，正所谓条条大路通罗马。

蒲松龄，清初山东人。由于出生于一个逐渐败落的中小地主兼商人家庭，家境优越，蒲松龄自小志存高远，安心预习举业，以图通过科举功名而飞黄腾达，一展雄才，但其命运不济四次赶考都落第。

蒲松龄没有像《儒林外史》中的范进一样继续自己的科举梦想，他意识到自己不适合科举考试，于是果断地放弃从官之路，立志要写一部"孤愤之书"。他在压纸的铜尺上镌刻一副对联，上云："有志者，事竟成；苦心人，天不负。"以此自敬自勉。

经过一段时间的潜心写作，一部著名的文言文短篇小说集《聊斋志异》终于写成。随着《聊斋志异》的广泛传播，蒲松龄的声望与交游日渐扩大，受到了文人官士的认可和青睐，实现了飞黄腾达的梦想，为后人留下了宝贵的精神财富。

由此可见，人生并非只有一处辉煌，没有必要一味地坚持。当走在一条不适合自己的道路上，我们很容易有一种走入死胡同的感觉，于是抱定绝望的心态。然而，这一切都只是错觉，当你及时觉醒，对自己进行重新定位，重新走另一条路，往往就能绝处逢生，走向生命开阔之处。

要知道，上帝关闭一扇门，一定会打开另一扇窗。

看似不可能的事情，也要试一试

很多时候我们都活在自我想象中，习惯根据以往经验总结，依赖惯性的思维来衡量事情的可能性，判别事物的结果，决定最后的成败，"这件事情太难了，没有人可能做得到""我们两个不合适，不可能在一起的"……你习惯了望而却步，你习惯了安于现状，也就只能永远原地踏步。

治疗这类问题的最好方法，就是反问自己：你不试一试，怎么知道不可能呢？

你如果不去奋力追求，怎么知道那个你心仪的他/她喜不喜欢你呢？

你如果不去学习一种语言或技能，怎么知道自己有没有这方面的天赋和才能？

有些恋爱，你去谈了，才知道合不合适；有些事情，你去做了，才知道好不好……很多时候，我们和某些看似不可能的事情之间，差的只是试一试的勇气。

在电影《乘风破浪》中，小马是一个白白净净，瘦瘦的，话不多的小男生，他一心想着做一个连接人与人的网络，叫作"QICQ"，但在他们那个年代，科技不算发达，通信设备落后，他的好兄弟都笑话他说这是不可能的事情，建议他去录像厅放录像，每个月拿500块工资，这也够基本的生活费。就连他自己也开始怀疑自己："等我写完这批程序，就和你们去卖BB机。"这时，穿越时空的阿浪，拍拍小马的肩膀，告诉他："未来这种东西是未知的，走自己的路，试试看。"最终，小马独自一人坐着火车离开了小镇，去大城市继续追寻他的梦想。小马的原型就是"企鹅帝国"的创始人马化腾，如果没有他当年试一试的勇气，哪有如今腾讯的如日中天？

我们很多人也是一样，对于看似不可能的事情，不去试一试的话，怎么能知道到底有没有可能成功？鞋子，要自己试过，才知道合不合脚；路，要自己走过，才知道崎不崎岖。说到底，对那些看似不可能的事情，与其花费大把的时间和精力，望而却步，想东想西，不如先抬起脚去试一试。

谈个对象不知道合不合适，先谈谈试试看，真不合适再分开；接到新的工作内容，不知道能不能干好，先试试看；从没有吃过螃蟹，不知好不好吃，不妨先尝尝试试……试一试看起来是意料中的事，却总有意料之外的惊喜。我们不能肯定结果，却能控制过程，努力让事情朝着希望的方向发展。

康娟一直想当一名作家，但作家的门槛很高，必须得有丰富的文学素养，她只是一名普通的大学生毕业，关键还在家做了三年全职太太。梦想迟迟没有实现，这让康娟有些失望，也下定决心改变自己，之后她就开始尝试写作。有很知心的朋友她担心："这条路太难走了，也许写多少年都寂寂无闻。靠写作谋生的话，你得做好穷得吃土的准备。"康娟明白，朋友是真心为自己好，她之所以这么多年没有开始写作，内心也有这样的顾虑，怕付出太多，回报太少，怕成本太高。但这次，她是这样回答朋友的："我决定试试，先写一段时间看看，如果最后没有成为作家，我想我的写作也会提高很多，况且写作会让我觉得每天很充实，没有虚度光阴。"

提高写作水平，康娟的秘诀就是读书。文字方面，她不太使用网络文字，而是追求深刻的表达。走进她的家，除了桌椅几件必需的家具外，入眼之处都是一摞摞的书，如美国著名学者戴尔·卡耐基的《做内心强大的女人》、美国作家汤马斯·佛里曼《世界是平的》、中国柏杨的《中国人史纲》等，这些书籍都是能开拓见识并使人思考的。康娟坚持每天读一本书，从这些书里她学会了独立安静地思考，获得了宽广的视野，提高了看待生活的境界，写作能力渐渐也有所提高。结果一年后，康娟就因出色的文笔被所在城市的一家报社聘为专栏作家，她的目标达到了！

要学会游泳，就必须下水。每一次成功的开端都是一种尝试，试着试着就真的行了！

有头脑的人，能把废物变成宝物

一个人的财富并不在于钱袋的大小，而在于头脑的智慧。再鼓鼓囊囊的钱袋，如果没有头脑持续填满，也会很快变空。头脑是我们强大的伙伴，帮我们完成无数的计划、分析、储存、输出，几乎所有的工作都有赖于头脑的参与。遗憾的是，生活中有的人带着脑子努力，有的人则只带着四肢努力。

A和B是同一个公司的员工，同样做着编辑工作，可是A工作起来似乎更轻松，一天的工作仅仅用大半天就能完成。而B总是加班到很晚才完成工作，拖着疲惫不堪的身体离开。更关键的是，B所经手的文章总是没有多少人关注，访问量特别少，而A的文章却有很多的阅读量。

同样的工作，两人的悬殊为何如此大？是A比B文化高、更聪明吗？并不是。B是名牌大学毕业生，而A仅仅是普通的一所本科院校毕业生。究其原因，A善于技巧性总结，善于从读者角度发现问题、分析问题、总结问题，他总是能带着脑子技巧性地完成写作，所以又快又好。

可想而知，带着脑子跑的人，要比不带的人跑轻松得多。

所以，想要拯救钱袋，先要拯救你的大脑。无论做什么事情，你最好在开工之前先在大脑想想，这个事情到底怎么做结果才最好，效果才最好。如此，你才能找到一条既快又好实施的捷径，充分发挥自己的聪明才智，以一种化腐朽为神奇的力量，将这条捷径从通向"罗马"的"条条大道"中开拓出来，创造出高于普通人若干倍的成绩。

垃圾，在大多数人看来是无用的东西，但所谓的垃圾，在有头脑的人眼里却是宝贝。

美国的自由女神像曾因年久失修，进行了一次重塑。当时，纽约市政府财政紧张，所能提供的费用有限，据测算，这笔钱连女神像翻修后产生的200吨左右的垃圾废料的运输费都不够。因此，一般的公司都望而却步，正在主管部门一筹莫展之时，一个名叫斯塔克的人出现了，他让政府付给他一笔低于一般劳务费的价格后揽下了这份苦差事。大家都以为斯塔克一定会血本无归，然而奇迹出现了，这项工程结束后，斯塔克不但没有像大家想的那样赔本赚吆喝，反而却发了一笔大财，奥妙何在？

原来，这个聪明的人深知自由女神像在美国人心目中的地位，他对重建女神像产生的垃圾进行了分类处理，如将那些废铜重铸成小自由女神像，将那些废铅改成了精致的纪念币；水泥碎块整理做成各种各样的小石碑，然后用外表精美、小巧玲珑的包装盒包装成小礼品，并注明是用原自由女神像上的材料制成的。这样一来，垃圾就变成了具有纪念意义的宝贝，很快便被人们抢购一空了。

自由女神像—垃圾—具有纪念意义—各种纪念品—畅销品，是聪慧的头脑使斯塔克产生了创造性思维，最终变废为宝，创造性地解决了问题，做出一番出人意料的成绩，这也正印证了一句话所说"垃圾只是放错地方的资源。"

每个人界定事物的标准不同，导致认识事物的方式不同。事物并无优劣之分，只是优劣之心造就优劣之物，可见任何事物都是一种可利用的资源，从此刻开始，觉醒吧，持续地与头脑对话，激发自身的聪明才智，相信你会看得更深、更多，同时获得更多，成就也更大。

第十二章

既然已经开始，就不要轻易放弃

　　一往无前的精神，能给人以粉碎一切障碍的决心。如果你的目标是地平线，认准了，就不要轻易回头，留给这个世界一个背影。因为一旦回头，之前的一切辛苦统统都会付之东流。"行百里者半九十"，这是老祖宗给我们的忠告。

如果你要挖井，就一定要挖到水出为止

有一则故事曾在世界各地广为传诵，讲的是一个美国人带着铁锹在一片空地上挖井找水，他在地上挖了很多坑，深浅不一，可是他一滴水也没有找到。万般无奈之际，这个人只好怏怏地离开了。后来又来了一个人，他决计先选一个小坑碰碰运气，结果他只挖了几铁锹，就挖出了水。

之所以提及这个故事，是因为生活中有些人谈起理想总是头头是道，可谈到成果的时候却总抱怨说："我没有人家的实力和本事，只能做一个普通的人。"其实，这些人缺少的不是实力和本事，而是沉稳的内心，做事情时太过浮躁，总是浅尝辄止，结果往往一事无成，甚至一败涂地。

晶晶是一个90后女孩，虽然年龄不大，但是她的工作经历却颇为复杂，毕业四年间竟然换了七八份工作，最短的一次只在单位工作了一个月就辞职了。每次辞职，晶晶都会给自己一个合理的解释，如公司的管理理念和我想的不同、想换个更适合自己的行业、和领导的相处不是很愉快……可换工作也没有给晶晶带来想象中的顺利，反而和上次一样，没过多久就想辞职走人。

晶晶跳槽的次数实在太频繁，结果是她从事工作的种类很多，有客服、活动执行、市场策划专员等，但每一份工作都是浮光掠影，什么技能也没有学好。渐渐地，晶晶的底气越来越不足了。每次面对新的工作，她都告诉自己要从头开始，多多学习，但总是表现得不尽如人意，也始终找不到自己的发展方向。

一个人过于心浮气躁，朝三暮四，凡事浅尝辄止，耐不住性子想问题，东一榔头西一棒槌，从来不肯为一件事倾尽全力，结果只会让步伐慌乱，可能还会后退，前进的时间不但没有缩短反而加长了。与其如此，不如觉醒起来，平息内心的浮躁之气，让自己深入内在，沉下心来踏踏实实做事。

一个私人生物研究所里，两个研究人员正在投资方面前争吵不休，原来是为一个成功研究出来的项目的奖金问题。

项目的研究本来是给A的，但是经过一段时间的研究之后他发现不管自己怎么努力，研究都好像卡在一个瓶颈处，进行不下去，所以他只好找到研究所所长，将项目暂停，时间一长，他自己就将研究的事给忘了。这时候，B提出自己想出了突破难题的办法，重新研究这个项目，原来，当时B是A的助手，A的每一步研究他都看到了，所以对项目的进度也非常了解，在A遇到瓶颈之后B也一度陷入迷茫，但是项目不得不停止之后，B的研究却没有停止，他经常一个人走进项目研究室，继续潜心地研究，仔细地进行分析，终于用另外一种方法将项目研究出来了。

当项目上报的时候，A和B就因为这件事起了争执，A说如果不是自己前期的潜心研究，B根本不可能成功地研究出来，B反驳说并不是用A的研究思路进行的，所以成果应该完全属于自己。看着眼前不断争吵的两人，投资方打了个噤声的手势，他说："你们不要争了，奖金是B的，因为不管A多么努力，但是你最终还是没有坚持下去，你提供的研究资料都是很浅显的，这不是我想要的结果，而B，不管他用的是什么手段，只要他能给我我想要的，我就会给他想要的。"

如果没有坚持做出一个完美的结果，过程再怎么曲折动人也不过是赚取人们同情的眼泪罢了，无助于改变失败的结局。结果胜过一切，这是市场竞争的要求，无论我们选择忽视还是抗拒，都改变不了这样一个事实：成败论英雄。

很多人在看到别人成功之后会不屑一顾，会觉得自己做的其实也差不多，然而事实是，不管差多少你就成功，你都差了一点，那么成功的就不可能是你了。我们为什么总是差点就成功了？因为要想成功，就需要沉下心去，够努力，够专注，聚焦一个方向，成功才会有实现的可能。

阿尔道夫·门采尔是德国十九世纪成就最大的画家，他一年才会画出一幅来，有时甚至两三年才能有一幅画出来。但他的画作一出来就被人们抢购了，而且价格昂贵。有一个年轻人也经常作画，但他的画总是很长时间卖不出去，他便去拜访门采尔，请他介绍成功的秘诀。

门采尔告诉年轻画家说："要有秘诀，那就是多看多画。"

青年画家说："我画得不少！有时一天就可以画好几张，但为什么总是卖不出去？"

门采尔笑着说："你花一天画出来的画，估计十年也不一定能卖出去。你不妨倒过来试试，就是用一年的工夫去画一张画，我保证你一天就能卖出去。"

青年画家回到家后闭门不出，专心画画，他用了一年的时间画出了一幅新画。果然，不到一小时，这幅画就被人以高价买走了。

滴水不求朝夕之效，故能坚持到穿石的日子。它拒绝急功近利，所以能勾起人们长久的怀念，能永远地发挥作用。一个人若想真正觉醒并有所作为，就要不为浮躁左右，踏踏实实做事，剩下的结果交给时间就行了。

短暂的激情不值钱，持久的激情才是赚钱的

理查德·圣·约翰是国际知名的成功学大师、演讲家，有一次他在乘飞机前往TED大会的途中，被坐在旁边的一位年轻人追问："怎样才能成功？"那时的约翰还尚未取得如今辉煌的成就，他不知如何回答，但是他有个好主意，即向参加TED大会的成功者们寻求答案。

在之后的7年，约翰采访了500位"TED人物"，在2005年题为《成功的8个秘诀》的演讲中，他公布了自己的结果。在这8个秘诀中，排在第一位的秘诀就是"激情"，弗里曼·托马斯说"我是被激情驱使的"，而在采访中他发现"TED人物"从事一项事业从来不是为了金钱，而正由是热爱所产生的激情。

既然激情对于成功如此重要，那么我们有必要弄清楚"什么是激情"。

激情，是一种热情高涨的情绪，它就像"发动机"一样，赋予个体一种积极的精神力量，能够把全身的每一个细胞都调动起来，让我们对自己所做的事充满信心，就算遇到重重困难和阻碍，也能够心存希望，充满活力，表现出一种最坚强、最无畏的样子，它是不断鞭策和激励我们向前奋进的动力。

很多事之所以在还没开始之前就已结束，或者明明事情刚开始进行得不错，中途却突然停顿了下来，并不是因为它真的有那么难，也不是碰到了什么瓶颈，最主要的原因是我们丧失了做事的激情。比如，缺乏激情的人常把工作当作负担甚至苦役，对工作现状多有不满，甚至厌倦和厌恶，不思进取，得过且过，办事拖拉，效率低下。

如果你有以上症状，那么就需要觉醒了。不管何时何地，不管做什么事情，你都得保持高度的激情，心中有激情，最好现在就开始。如果能将激情内化成为一种工作和生活态度，你会发现自己的内心强大到可以战胜一切恐惧和悲观，你也可以由一个软弱、消极、优柔寡断的人变成一个积极的人，一切都会变得越来越美好。

需要指出的是，短暂的激情是不值钱的，长久的激情才是赚钱的。俗话说"真金不怕火炼"。激情是一种需要长期保持的品质。所谓长久的激情，就是满怀热情全身心投入自己所着手的事情或从事的工作，不因遇到困难而丧失斗志，不因进展不顺而半途而废，数十年如一日地坚持和努力。为什么在相同或相似的岗位上，有人不断进步、成绩显著，有人却停滞不前、碌碌无为？很重要的是因为前者对工作持有一种长久的激情。

美国人卡腾堡22岁时只身一人来到巴黎闯荡，他身无分文，是个不折不扣的穷光蛋。后来，他在巴黎版的《纽约先驱报》上刊登了一则求职广告，并找到了一份推销立体观测镜的工作。卡腾堡并不喜欢这份工作，而且他根本不会说法语，但是为了生存他知道自己必须要做好工作。仅仅几年的时间，卡腾堡便成为当时法国收入最高的推销员，他怎样创造了这个奇迹？

最初，卡腾堡让老板用纯正的法语把他要说的话写下来，然后背得滚瓜烂熟，接着就去上门推销。每天早上出门之前，他都会给自己打气说："把自己想象成演员，正站在舞台上，下面有很多观众看着你。你现在做的事就和演戏一样要有激情，自己都不投入怎么会有人喜欢？"因此，每一次别人打开门后，卡腾堡便热情洋溢地跟对方打招呼，并递上实物照片，开始用带着美国口音的法语背诵那些推销用语。假如没有人前来开门，或者门开了又很快关上，他也会潇洒地转过身，仍然面带微笑，向下一户人家走去。他每天不断地出现在所负责的工作区域，热情地向顾客推销自己的产品。

渐渐地，顾客们对卡腾堡从陌生到熟悉，视卡腾堡为诚实的人，热情的人，坚忍不拔的人，也正因此，他们开始乐意购买卡腾堡的商品。当然，他们并不是每次都需要卡腾堡所推销的商品，但会被卡腾堡身上散发的激情感染，他们认识到世界需要像卡腾堡这样的人，他们愿意支持卡腾堡。就这样，卡腾堡的业绩由小到大，节节攀升。

卡腾堡不擅长法语，却能够感染他人，并最终取得非凡的成就，这就是激情的力量，这就是长期坚持带来的结果。所以，他一直告诉后来者："一个人如果能始终激情地沿着自己理想的方向前进，让人们能够真正地体验享受你的真实感受。然后，你就会得到你想要的回报，获得意想不到的成功。"

成功和能力的一项绝对必要条件就是激情，持久的激情不仅是卡腾堡在奋斗道路上所体悟出来的成功秘诀，也是每个希望成功经营事业的有心人最为有用的成功指引。

觉醒吧，不要再盲目地混日子，让激情占据你的内心。无论是在工作中，还是在生活中，让自己每天都充满活力，无论遇到什么困难，一直保持激情的状态，使之转化为巨大的能量。相信，你将呈现出一个活力四射、生气勃勃的个人形象，你的未来也将充满无限可能。

先行一步，再行一步，也就到了

"我要一步一步往上爬，等待阳光静静看着它的脸，小小的天有大大的梦想……"这是歌曲《蜗牛》的歌词，说出了许多人心中的感慨。每个人心中都住着一只蜗牛，一步两步三步地往上爬，路上会遇到风也会遇到雨，但是壳下面那一颗不甘平凡的心一直未曾放弃，稍作休息之后，仍然选择继续向上爬。

人生正如蜗牛一般，要克服重重阻碍，一步一个脚印地往上爬，才能修成正果。可见，人生重要的就是开始，先行一步，再行一步，最终也就抵达心中的目标。

台湾女歌手蔡依林最初练习跳舞的时候，经常被别人嘲笑同手同脚，不是跳舞的那块料。但是现在她的舞技让无数人惊叹，她也被称为"亚洲舞娘"。她之所以这么成功，就在于她一步步的努力打拼。她的努力，经过时间的"发酵"，越来越强大，越来越迷人，越来越丰盈。

蔡依林到底有多努力？知道自己跳舞天赋不好，她就一遍一遍地练习舞蹈，就算有些动作在别人眼里已经做得很好了，她还是不断努力，不断练习，不断挑战高难度的体操、芭蕾、钢管舞……即使受伤，即使腿上都是瘀青，她也从来不喊苦累，而是贴上膏药，继续练习。据说，每次在演唱会开始前一晚，她还会把当天总彩排失误的动作完整记录下来，改正做错的动作，直到凌晨两三点。

如今蔡依林已经成为流行乐坛的一个符号，凭借的不只是她的音乐、形象与舞蹈，更多的是她身上那种努力向上、坚持不懈的精神以及无限延伸的可能性。即使已经贵为"天后"，可她依然在永无止境地努力着，她不停地探索未知，探索不一样的东西。"我想通过自己的努力，让自己变得强大"，蔡依林在一次采访中说，其实做什么事都是这样的，只要你不断坚持，就能看到希望。

如果你想要什么，请学会靠自己的努力，一步步离目标近一点，慢慢过上自己想要的生活，这正是努力的意义。别小看一点一滴的努力，因为每一分努力最终都会从量变累计成质变，最终破茧成蝶，获得美丽的新生。

在美国颇负盛名，被称为"传奇教练"的篮球教练约翰·伍登，坚持以"每天进步一点点"这个执教之道，引导自己和队员们保持积极向上的精神面貌，从而带领整个球队实现了从平庸到卓越的完美蜕变。在他认为："冠军永远是属于那些不断进步，并且保持巅峰状态的人。"

加州大学洛杉矶分校以年薪120万美金聘请了经验丰富的伍登教练，他们希望伍登能够通过高明的训练方法，帮助队员们提升战绩。但是伍登来到球队之后，却没有什么独特的训练方法，而是对12个球员这样说道："我的训练方法和上任教练一样，但是我只有一个要求，你们可不可以每天罚篮进步一点点，传球进步一点点，抢断进步一点点，篮板进步一点点，远投进步一点点，每个方面都能进步一点点。"

天啊！这是什么训练方法，负责人在心里偷偷捏了一把汗。不过，很快他就改变了自己的态度，他不得不佩服起伍登来。因为在新季度的比赛中，加州大学洛杉矶分校大败其他球队，取得了夸张的八十八场连胜，七次蝉联全国总冠军。而伍登，也被大家公认为有史以来最称职的篮球教练之一。

有记者问伍登的成功之道，伍登愉快地回答："每天我在睡觉以前，都会提起精神告诉自己：我今天的表现非常好，而且明天的表现会更好，这样不断地要求自己，自然就能越做越好。我想，队员们和我一样。"

不用怕路途遥远，走一步就会有一步的风景。

不要管前途未卜，进一步就会有一步的欢喜。

屡败屡战，老天都不好意思再为难你

不管做什么，我们似乎都更崇尚胜利，我们会为赢家喝彩，会为成功者鼓掌。可这世上有赢家也必然有输家，有胜利者就一定有失败者。当我们自己恰好就是那个失败者时，该怎么办？是垂头丧气、萎靡不振，还是毫不气馁、重整旗鼓？一个觉醒的人，当然会毫不犹豫地选择后者。

著名作家海明威在《老人与海》里写过这样一句话："你可以被打败，但不能被打倒。"如果我们在一次失败面前就一蹶不振，那么到头来只能畏缩不前，一事无成，成功也就永远和我们无缘。相反，如果我们在失败面前选择坚持，具有继续战斗的勇气和斗志，终有一天会成为胜利者。

王坤在跻身于京城IT界的名记者之前，只是一个高考落榜的农村男孩。

几年前高考时，王坤的数学成绩考得很糟糕，以几分之差与象牙塔失之交臂，这让王坤受到很大打击。因为他早就想好了要报考的大学和专业，那时他的梦想就是成为一名IT界的记者。现在那些计划不得不取消，实在令他郁闷至极。后来，又因为家庭条件的限制，他没有选择复读。但回家后的王坤并没有真正放弃学业，而是不甘消沉，勤奋苦学。一年以后，王坤通过自身的努力，终于将数学成绩提了上去，并且顺利考上了心仪的大学和专业。

谁知即将毕业的时候，王坤某个"偏门"课程的成绩不及格，这意味着他与IT界的记者身份再次失之交臂。面对这种状况，他有两种选择：一是重修这门课，等下一年度再拿学位；二是不重修，但也意味着拿不到学位。王坤感到非常沮丧，教授看出了王坤内心的苦闷，语重心长地说："虽然你将来很可能不用这门课的知识就能获得成功，但是你对待它的态度却会影响到你的成功。我想告诉你的是，记住眼下这个教训，从哪里跌倒就从哪里爬起，等以后，你会发现这是你收获最大的一个教训。"

沉思良久之后，王坤选择了重修这门课程。面对渺茫未知的将来和异常艰难的专业知识，他既不畏惧，也不说苦。当有人问他如果再次失败了怎么办时，他微笑着回答："我不会失败的，只要我学到了这些知识，就算成功了。即使将来没有办法做这方面的工作，没有人认可我，那也无所谓。"一年后毕业的时候，王坤以优异的成绩完成了学业，并且顺利地拿到了毕业证书。再后来通过一番刻苦的努力，王坤已经成了一位颇有名气的、专业IT媒体的记者，更成为一个魅力十足的男人——他的魅力来自乐观向上的精神内涵，更来自不肯认输的人生态度。

哪怕失败了，也不要就此气馁。可以说，王坤取得最后的成功，其根本原因还是他在面对失败与挫折时，能够坦然地面对一切，以理性的思维来分析问题并付诸实践。试想，如果在残酷的现实面前，他只一味地怨天尤人，甚至一蹶不振，那么恐怕他后来也就不可能成为"京城名记"。

失败，并没有我们想象的那么可怕，它只是给了我们一个机会，让我们更好地认识到自身所欠缺的，从而促使我们为接下来的战斗积蓄更多的力量。当我们为失败而感到颓丧的时候，不妨想想自己为什么会遭遇失败，自己有哪些不足或错误之处，把每次失败变成一次完善自我、提高自己的机会。

所以，每个人心里都应该明白，成功的道路不好走，难免有大大小小的失败。但只要我们始终具有坚韧的品质，即使有一百次扑倒在地，也要有第一百〇一次站起来！在跌倒中爬起，在失败中奋起，不认输，不放弃，有不达目的不罢休的毅力，恐怕连老天到时都不好意思再为难你。

有一位郁郁不得志的年轻美国人，他穷困潦倒极了，身上全部的钱加起来都不够买一件像样的西服，但他仍坚持着自己心中的梦想——做演员、拍电影、当明星，一刻都没有放弃过。当时，好莱坞共有500家电影公司，他带着自己写的剧本去拜访所有公司，但他一次又一次被拒绝了。

1500次的拒绝，可以耗费一个普通年轻人所有的热情与激情。但这位年轻人显然不是普通人，他决定开始第1501次的拜访，终于奇迹出现了。一个曾经多次拒绝过他的导演感动了，同意投资开拍他的剧本，并给了他一个男主角的机会。为了这一刻的到来，年轻人已经作了充足的准备——他成功了！这部电影就是之后红遍全世界的《洛奇》，而这位年轻人即席维·史泰龙。

假设在1500次的拒绝第之后，席维·史泰龙认输了，停住了第1501次的拜访，他还能成就做演员的梦想吗？相信你我心中都有答案。是坚持，引导席维·史泰龙赢得了人生的成功。

有一种坚持叫屡败屡战，失败没什么大不了，重拾信心，重新出发，就好。

成功路上并不拥挤，看谁能坚持到最后而已

一个农场主悬赏100美元寻找他丢失在谷仓里的一只名贵手表。面对重赏的诱惑，人们十分卖力地四处翻找，无奈金表太小、谷仓太大、稻草太多，人们忙到太阳下山也没有找到金表，一个个放弃重赏的诱惑离开了。只有一个穷人家的小孩仍不死心，还在努力地寻找着。天黑了，一切喧闹静下来了，一个奇特的声音"嘀嗒、嘀嗒"不停地响起。小孩循声找到了金表，最终得到了100美元。

成功的方法其实很简单，只有一句话——坚持到最后。

是的，我们每一个人都渴望成功，并在努力追求成功。世上通往成功的路也有很多条，不同的人会选择不同的路。道路选择得正确与否固然是影响成功的重要因素之一，但在选择之后起决定性作用的，就是能否在选定的道路上心无旁骛、坚持不懈地走下去，并做坚持到最后的那一个！

曾经有一部风靡一时的电视剧——《士兵突击》，里面的主人公许三多一开始并不是一名合格的军人，他懦弱、胆小，作为装甲侦察兵他还竟然晕车，周围的人都比他强，他经常招军友的嫌弃、抱怨，但他却不气馁地说："我一定要坚持到底。"他的打枪水平很糟糕，总是脱靶，他就一次次练习，队友们都回宿舍休息了，他还坚持留在训练场练习，有时一个人练习到深夜。在腹部绕杠比赛中，当其他人都累得陆陆续续停下来时，他坚持做了一个又一个，最终以三百三十三个的成

绩打破了纪录。

在坚持不懈的努力下，许三多夜间射击集团军第一；打机枪，两百发弹链一百一十七发上靶，武装越野集团军第一；四百米越障集团军第一，他终于从全连最差的兵变成了排头兵。而剧中那些"聪明绝顶"的士兵却反而进步很慢，成长很慢，以至于远远落在了许三多的身后。

每个人都想当第一，但通常做最后一个却更好：最后一个放弃的人，最后一个离开的人，最后一个还在坚持努力的人，正所谓"剩"者为王。

"坚持"二字，说着很容易，实际上做起来却是难得多，也鲜有人把它真正做到了。放眼我们周围的生活，有数以万计的人树立梦想，但同时每天又有数以万计的人选择了放弃，而那些坚持到最后一个的大都收获满满，所以成功的路上并不拥挤，只是看谁能坚持到最后而已。

有一次，有人问小提琴大师弗里兹·克赖斯勒："你演奏得这么棒，是不是运气好？"

弗里兹·克赖斯勒微微一笑，回答："这一切都是练习的结果，我坚持每天都练琴。如果我一个月没有练习，观众能听出差别；如果我一周没有练习，我的妻子就能听出差别；如果我一天没有练习，我自己就能听出差别。我不比别人运气好或有天赋，我只是用坚持打败了他们，也赢得了我应有的荣誉。"

所以如果你认定一件事情，那就努力去做，坚持去做。打个形象的比喻，走一条路可能刚开始比较拥挤，时间长了，能坚持的人越来越少，道路相对就比较宽广了，如此成功的概率也就增大了。

有人说，"一件事，只要坚持做十年，就会变得美不胜收"。其实，十年并不是只指具体的十年，你大可以坚持更长的时间。10年坚持做一件事，你会成为一个专业的行家。20年做好一件事，你会是这个行业的专家。一辈子做好一件事，你已经是一个让所有人都望尘莫及的了不起的人。

愿你坚持成为更好的自己，加油！

坚持把简单的事情做好，就是不简单

每个人都对未来充满无限期许，渴望拥有光鲜亮丽的生活，但并不是每个人都能如愿以偿。谈及原因，有些人会抱怨自己机遇不好，不被重视，每天所干的事情既简单又容易，再怎么努力也无济于事，也不可能有出人头地的那一天。

殊不知，把简单的事做好就是不简单，把容易的事情做好就是不容易。

古语说，天下难事必作于易，天下大事必作于细。成功看起来很难，但其实很简易，就是坚持做好每件简单小事。从辩证的关系看，大事由若干小事构成，小事决定了大事，如果不关心每件小事，不做好每件小事，也就做不好大事，也就不能做大事。把每件简单事做好，就是不简单。

正因为明白了这点，一个觉醒的人不会一天到晚抱怨自己不被重视，更不会对简单易做的事情视而不见，而是会努力将简单的日常工作做精细、做专业，并恒久地坚持下去，做到位、做扎实。如此，他们最终成为不简单也不平凡的成功者。

思南是一个影视工作室的后期剪辑实习生，他大学毕业后刚去公司几天，就发现公司里都是一些在后期剪辑方面已经做了七八年的行家，他想，自己在这种高手如云的地方一定能学到很多东西，毕竟近水楼台先得月！进公司的时候，思南虽然知道公司一定会让自己是从基础做起，却没想到基础得让他大跌眼镜，主管居然让他天天端茶送水，而且一送就送了几个星期。思南一开始心里非常不平衡，但后来一想自己是来学习的，虽然天天在做跑腿的事，但是相对于刚来时大家对自己冷冰冰的态度，现在因为自己满脸堆笑地送水送咖啡，大家已经开始慢慢真心地接受他了。这也是一个磨炼自己的机会，一个连水都送不好的人能干什么呢？在这种心态下，思南送水送得更真心诚意了，不但及时地送水换水，还把饮水机和办公室打扫得干干净净，从来没有在脸上表现出丝毫的不耐烦和抱怨。

一些好心人经常劝思南，说他不够聪明，得学学其他人，多与领导搞好关系，天天端茶送水能有什么发展，思南总是憨厚地笑笑。几个星期之后，公司领导觉得思南连端茶倒水这样简单的工作都能做好，证明这个年轻人的工作态度很好，不久就开始让他剪一些简单的片子。不管多么简单的片子，思南都会认真地剪辑，力求最好，这慢慢成了他的做事风格，领导自然对他特别欣赏，遇到培训、学习什么的都会尽可能安排思南参加，他的进步非常快。

要解决问题，须从简易处入手；成就大事，须从小处着眼。

实际上，将小事做好也是一件不容易的事，即使再简单的事情也没那么容易。打个比方，如早睡早起这件事情够简单，简单到不需要你看大量的书籍，不需要你有太多的社会经历和积累，无论你是男女老幼，你只需要定个闹钟，可能连闹钟都不需要。人们都知道它的好，但有多少人能真正做到？

海尔集团首席执行官张瑞敏曾说过这样一番话："如果让一个日本人每天擦六遍桌子，他一定会始终如一地做下去；而如果是一个中国人，一开始他会按要求擦六遍，慢慢地他就会觉得一遍、二遍也可以，最后索性不擦了。中国人做事的最大毛病是工作不认真、不到位，天长日久就成为落后的顽症。"这句话道出了职场上一些人失败的原因，值得我们每一个人警醒。

所以，不要抱怨机遇不佳、怀才不遇、社会不公，反思一下，是不是平时你对简单易做的事情不够重视，敷衍了事？如果想改变现状，就要主动调整自己的心态，即使最简单的事情也要用心去做，并恒久地坚持下去。世上的大事由无数简单小事组成，如此你必将成就不凡。

哪有什么十全十美，不过都是善始善终罢了

美国一位成功学家讲述过这样一个故事。

贾金斯是一个完美主义者，做事情讲究十全十美，稍有瑕疵就百般不开心，这导致他无论学什么都是虎头蛇尾。有一段时间，他废寝忘食地攻读法语，但是很快他就发现，要真正掌握法语必须首先对古法语有透彻的了解，而没有对拉丁语的全面掌握和理解，要想学好古法语是绝不可能的，而掌握拉丁语的重要途径是学习梵文。贾金斯一头扑进梵文的学习之中，但很快他又发现，这是一个无比艰巨的任务，学了没几天他就坚持不下去了，最后对法语依然一窍不通。

贾金斯没有能力，没有资金，但他的父母给他留下了一些本钱。他拿出10万美元投资办一家煤气厂，可是煤气所需的煤炭价钱昂贵，他觉得利润太低，便以9万美元的售价把煤气厂转让出去，开办了一所煤矿。可采矿机械的耗资大得吓人，贾金斯担心自己亏本，因此把在矿里拥有的股份变卖成8万美元，转入了煤矿机器制造业。从那以后，他便像一个"滑冰者"，在有关的各种工业部门中滑进滑出，没完没了。最终的结果是，贾金斯什么也没做成。

看到这里，相信不少人会看到自己的影子。刚开始做事时热情很高，积极性很大，可往往过一段时间，随着事情进程不断深入，面对的困难和问题越来越多，新情况和新形势越来越复杂，就开始畏缩不前，产生松懈思想，甚至出现"打退堂

鼓"的想法，半途而废，有始无终。

我们总希望一次性解决所有问题，但这世上根本没有十全十美的事，所谓成功不过都是善始善终罢了。老子曾说"慎终如始，则无败事"，这句话的意思是说，只要一个人对自己正确的选择有毅力，坚持不懈，像刚开始时一样始终保持谨慎、认真、负责，那么做任何事都会得到满意的答案。

凡事不必苛求完美，能做到善始善终，就算是不小的成就。

在1968年墨西哥奥运会马拉松比赛上，坦桑尼亚的选手艾克瓦里吃力地跑进了奥运体育场，他是最后一名抵达终点的选手。这场比赛的优胜者早就领了奖杯，庆祝胜利的典礼也早已经结束。因此，艾克瓦里一个人孤零零地抵达体育场时，整个体育场几乎已经空无一人。艾克瓦里的双腿沾满血污，绑着绷带，他努力地绕完体育场一圈，跑到终点。他开心地笑着，并用握成拳的右手向空中用力地举了举。

在体育场的一个角落，格林斯潘，一个享誉国际的纪录片制作人，远远地看着这一切。接着，在好奇心的驱使下，格林斯潘走了过去，询问艾克瓦里："你为什么在受伤的情况下还要这么吃力地跑向终点？要知道，这场比赛早已经结束了，没有谁会在意你是否跑到了终点。"

这位来自坦桑尼亚的年轻人轻声地回答说："我的国家从两万多公里之外送我来这里，不只是让我在这场比赛中起跑的，而是派我来完成这场比赛的。"

多么感人、多么质朴的话语。假如艾克瓦里中途放弃的话，没人会责怪他，而且会有"第一次参赛，经验不足""精神状态不佳"的借口，估计坦桑尼亚人还会说他虽败犹荣……但艾克瓦里用实际行动向世人证明重要的不是比赛名次，而是完成比赛，他以这种方式赢得了全世界的尊重。

做事有一个好开头固然重要，但好的开头只是事情成功的一半，成功永远属于那些行事善终的人，那些有耐心、能坚持的人。

袁隆平是享誉全球的"杂交水稻之父"，他所发明的杂交水稻，被西方专家称之为"东方魔稻"，比常规水稻增产20%以上，从而从根本上解决了中国人吃饭难的问题。但好的开头并未让袁隆平满足，他几十年如一日坚持每天在实验室进行实验，在试验田里一"站"就是十七八个小时，他曾说"我如果不在家，就一定在实验田；如果不在实验田，就一定在去实验田的路上"。

几十年来，袁隆平对杂交水稻不断改良，从"南优2号"到"超级稻"，再到"海水稻"，一次次创造了人类粮食生产的历史高度。科学研究对于他来说，从来不是一种枯燥的学问，而是一种责任的坚持——"粮食问题从来没有一劳永逸。追求高产更高产，是我们永恒的主题。"

任何成功不仅需要"善始"，更需要"善终"，本着"行百里者半于九十"的一贯坚持，尽自己最大的能力，倾注全身心的精力，不图眼前之利，不为短期之谋，有始有终，一以贯之，这才算是真正意义上的成功。